硒健康与硒产品

赵志刚 等 著

科学技术文献出版社
SCIENTIFIC AND TECHNICAL DOCUMENTATION PRESS
·北京·

图书在版编目（CIP）数据

硒健康与硒产品 / 赵志刚等著. —北京：科学技术文献出版社，2022. 12
ISBN 978-7-5189-9989-7

Ⅰ.①硒…　Ⅱ.①赵…　Ⅲ.①硒—基本知识　Ⅳ.① O613.52

中国版本图书馆 CIP 数据核字（2022）第 243152 号

硒健康与硒产品

策划编辑：周国臻　　责任编辑：李　晴　　责任校对：张永霞　　责任出版：张志平

出　版　者	科学技术文献出版社
地　　　址	北京市复兴路15号　邮编　100038
编　务　部	（010）58882938，58882087（传真）
发　行　部	（010）58882870，58882868
邮　购　部	（010）58882873
官 方 网 址	www.stdp.com.cn
发　行　者	科学技术文献出版社发行　全国各地新华书店经销
印　刷　者	北京地大彩印有限公司
版　　　次	2022 年 12 月第 1 版　2022 年 12 月第 1 次印刷
开　　　本	710×1000　1/16
字　　　数	134千
印　　　张	10.75
书　　　号	ISBN 978-7-5189-9989-7
定　　　价	60.00元

《硒健康与硒产品》
撰写人员

赵志刚　袁剑文　易勇波　何　宁　刘　瑛　韩成云

张海波　李兴杰　支添添　丁永电　杨洪涛　陈　刚

王小华　陈欠林　王　方　陈凯荣

　　硒，仅是自然界众多元素中的一种，却在生命中承载了更多健康价值。近些年，随着人们研究的逐渐深入，硒元素更似是世间蒙上尘土的珍珠一般，洗濯灰尘后越发光艳夺目。

　　然而，许多人都对硒元素缺乏了解，常常听到"硒对人有什么作用？""要怎么补充硒？"等多种疑问，如何科学有效地普及有关知识，引发了专业人士更多思考。

　　我国是硒资源匮乏的国家，多数地市都属于缺硒区域。但江西省宜春市拥有丰富的天然富硒土壤，并且自古就有"农业上郡、赣中粮仓"的美誉，在这里发展富硒农业具有得天独厚的优势。笔者所在的宜春学院硒农业研究团队，以及宜春市农业农村局都一直致力于开展富硒产业研究，助力地方经济发展。因此，编著有关硒研究与科普的书籍，让更多人认识硒、了解硒、关注硒也成为团队工作的目标之一。

　　本书以"硒健康与硒产品"为主题展开阐述。目前的研究已经明确，适量的硒元素对于生物体具有促进作用，即硒元素除了对人体健康有益外，对促进动植物机体的健康生长也都具有重要作用。硒产品是人体获取硒来源的最主要途径，一般来说，人们主要通过植物、动物和微生物来生产硒产品。因而，编写本书的目的是希望通过这些文字，帮助读者充分了解硒元素的特点、价值，以及其在生物体内发挥的作用，以便可以更加科学合理地利用硒元素来实现健康生活。

　　本书第一至第八章，分别从硒的概况、硒与健康、硒与土壤、硒与植物、硒与动物、硒与微生物、硒的检测和富硒研究等方面全面介绍硒的相关知识。同时为解决读者对一些内容的疑问，又在第九章编写了科普问答，以方便读者阅读与理解。

本书得到了江西省富硒农业发展项目"宜春富硒土壤开发利用与产业发展路径研究（2022）"、江西省教育厅科技项目"ARTP诱变钩虫贪铜菌制备纳米硒的研究（2020）"、宜春学院学者文库（2022）等项目的支持与资助。

感谢宜春市农业农村局、宜春学院科研处领导及江西省高等学校硒农业工程技术研究中心的各位同人对撰写团队的关心和帮助。同时，在本书编写过程中，引用和借鉴了诸多学者出版的专著、论文等，这些都为编写工作提供了重要支持，在此表示衷心感谢！

本书是撰写团队对于研究领域一些内容的探索与总结，分享此书旨在为硒科技的知识科普与专业研究提供借鉴和参考，抛砖引玉。由于团队学识水平及能力有限，出现疏漏在所难免，希望有关专家、学者和相关工作者给予批评与指正，也希望有更多的研究者从事此类相关工作，期待有更多更好的相关研究著作出版。

赵志刚

2022 年 9 月

目　录

第一章 硒的概况

硒作为自然界的一种元素，主要存在于地壳沉积岩和土壤中，对人类社会具有重要的工业价值与健康价值，人们对硒的研究也在不断深入和发展，硒资源的开发和利用也越来越受到人们的重视。本章从硒元素的理化性质、价值，以及研究历程来进行介绍，让读者可以对硒元素有所了解，为今后深入了解硒相关知识奠定基础。

1.1 硒的理化性质

硒（Se）是一种非金属元素，位于元素周期表第四周期 A 族，在元素周期表中的原子序号为 34（图 1-1），化学价有 –2、0、+2、+4、+6 价。硒的密度为 4.81 g/cm³，熔点为 217 ℃，沸点为 684.9 ℃。

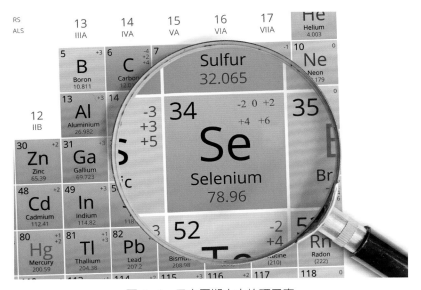

图 1-1 元素周期表中的硒元素

硒虽然是非金属元素，但在常温下有类似金属的光泽，能导热、导电，而且电导率会随光照的强弱产生急剧变化，因此，化学家们又称它是"半金属""类金属"，甚至还有文献称它是"准金属"元素。

单质硒有两种同素异形体，分别呈灰色和红色（图1-2），硒因外界条件不同而形成无定形硒和结晶形硒。无定形硒没有一定的熔点，在40～50 ℃时开始软化，在100 ℃时可以流动，在220 ℃时可以变成液体。无定形硒可以分为红色和黑色的两种无定形玻璃状的硒。前者性脆，密度为4.26 g/cm³；后者密度为4.28 g/cm³。第一电离能为9.752电子伏特。结晶形硒都显示红色。

图1-2　单质硒的两种同素异形体

硒在空气中燃烧发出蓝色火焰，生成二氧化硒（SeO_2），也能直接与各种金属和非金属反应，包括氢和卤素。硒不能与非氧化性的酸反应，但它溶于浓硫酸、硝酸和强碱中。溶于水的硒化氢能使许多重金属离子沉淀成为微粒的硒化物。硒与氧化态为 +1 价的金属可生成两种硒化物，即正硒化物（M_2Se）和酸式硒化物（$MHSe$）。正的碱金属和碱土金属硒化物的水溶液会使元素硒溶解，生成多硒化合物（M_2Se_n），与硫能形成多硫化物相似，硒可从电解铜的阳极泥和硫酸厂的烟道灰、酸泥等废料中回收取得。

环境中常见的无机硒化合物有硒化氢（H_2Se_n）、氧化硒（SeO）、二氯氧化硒（$SeOCl_2$）、二氧化硒（SeO_2）、亚硒酸钠（Na_2SeO_3）和硒酸钠（Na_2SeO_4）等（表 1-1）。

表 1-1　环境中主要的无机硒化合物

无机硒化合物（价态）	化学式	存在条件
硒化氢（-2 价）	H_2Se	气体，在水中易分解为 SeO
硒化物（-2 价）	Se^{2-}	还原环境，金属硒化物，土壤
元素硒（0 价）	Se^0	还原环境，水中不溶解
亚硒酸盐（+4 价）	SeO_3^{2-}	弱氧化条件，如土壤和大气颗粒
偏亚硒酸盐（+4 价）	$HSeO_3^{2-}$	酸性或中性条件，如土壤
二氧化硒（+4 价）	SeO_2	化石燃料燃烧放出的气体
硒酸盐（+6 价）	SeO_4^{2-}	弱氧化条件，为植物所利用

1.2 硒的价值

1.2.1 硒的工业价值

由于硒具有类金属的特殊理化性质，所以硒和硒的化合物在工业中具有广阔的应用前景。

硒和硒的一些化合物是优质的光电和半导体材料，对光很敏感，这是利用无定形硒的薄膜对于光的敏感性，光照可以迅速提高硒的导电性，光照前后电导率相差可达 1000 多倍。因此，硒被广泛用于光电管、激光管、整流器、无线电传真、电视，以及复印机、打印机中硒鼓的材料等。

硒铋锑碲合金是重要的温差电材料，被用于发电和制冷，广泛用于宇宙动力系统、航标、高空天气记录仪表、军用雷达冷却器和潜艇的空调装置中。

在玻璃、陶瓷、搪瓷和染料工业上，硒也有广泛的用途。硒能使玻璃着色或脱色，高质量的信号用透镜玻璃中含2％的硒，含硒的平板玻璃用作太阳能的热传输板和激光器窗口红外过滤器。把少量硒加入玻璃熔料中，可以脱去玻璃中由杂质和铁产生的绿色，加入的硒超过一定量后可使玻璃显红色。硒又被大量用于生产红色信号灯和装饰用的红色玻璃、制造建筑物和车辆的黑色玻璃，以降低光强度和传热速度。橡胶硫化过程中加入硒，可提高橡胶的抗张强度、可塑性和化学稳定性。钢材中加入硒可使钢的结构致密，增加机械强度。

在冶金工业方面，含硒的碳素钢、不锈钢和铜合金具有良好的加工性能，可高速切削，加工的零件表面光洁；硒与其他元素组成的合金用以制造低压整流器、光电池、热电材料。硒以化合物形式用作有机合成氧化剂、催化剂，可在石油工业中应用。橡胶中加入硒可增强其耐磨性。硒与硒化合物加入润滑脂中，可用于超高压润滑。

1.2.2　硒的健康价值

1973年世界卫生组织（WHO）确认硒是人与动物生命所必需的微量元素之一，同时也是维持人体健康所必需的微量营养元素及生命元素。

近年来，国内外学者已对硒的代谢、硒蛋白的生物合成、硒与人体健康及硒的毒性进行了深入的研究，其主要功能有：抗氧化、防衰老；增强免疫；保证精子活力；预防肿瘤；参与激素代谢；防治克山病、大骨节病；预防血管疾病，如动脉粥样硬化；抗病毒；拮抗重金属离子的毒性等。硒被国内外医药界尊称为"生命的火种"，享有"长寿元素""防癌抗癌之王""心脏守护神""天然解毒剂"等美誉（图1-3）。

抗癌之王
硒对人体有防癌、抗癌的作用

血管清道夫
抗氧化、清垃圾、防血栓，保护血管结构和功能正常

微量胰岛素
保护胰岛素和胰岛细胞结构功能正常

微量长寿果
延缓衰老

肝脏保护神
促进肝脏代谢废物分解，预防肝脏细胞损伤

光明之窗
保护眼睛的视网膜，有效预防眼疾

肠胃养护专家
抗氧化、清垃圾、护肠胃

有效养护大脑
促进"神经递质"代谢，减轻焦虑、抑郁、疲倦

让呼吸更通畅
改善慢性肺病，预防肺病发生

34
Se
Selenium
78.96

图 1-3 硒元素的功效

1.3 硒与人类健康的研究历程

1.3.1 硒的发现（1817年）

1817年，瑞典化学家贝采里乌斯（Berzelius）（图1-4）在自家经营的硫酸工厂铅室底部，发现了一种奇怪的红色粉状物质，除去其中已知的硫黄成分后，用吹管加热，会有一种蔬菜腐烂的味道。最初他将这种物质误认为是碲（Tellurium，取义于Tellus，罗马神话中的大地女神），但经过更深入的分析后，确定这是一种与碲元素性质非常类似的新元素——硒，贝采里乌斯用希腊神话中的月亮女神（Selene）将其命名为Selenium。

图 1-4 瑞典科学家贝采里乌斯（1779—1848年）

5

1.3.2 沉寂的 140 年（1817—1957 年）

从 1817 年被发现后的 140 年中，硒一直被当作一种有毒元素。1856 年，美国军医 Madison 随骑兵部队到南达科他州密苏里河岸边的 Randall 要塞驻防。几天后他发现，该部队的军马同时出现了一种脱毛、掉蹄子的疾病，他用尽各种办法治疗都无法控制。该病一直延续了好几个月，造成了许多军马死亡，后续有研究者推测该疾病可能与硒中毒有关。

直到 1957 年，美籍德国生物化学家施瓦茨（K. Schwarz）及弗尔茨（M. Foltz）从酿酒酵母中分离出了一种生物活性因子Ⅲ，并鉴定出硒是该活性因子Ⅲ的成分，发现其可预防大鼠因缺乏维生素 E 引起的肝坏死。这个活性因子Ⅲ就是硒酸酯多糖，即硒卡拉胶。随后其在《美国化学会杂志》（*J. of the American Society*）上发表论文指出，硒是生命所必需的微量元素。这一发现，是人类在认识硒元素生物学功能上的首次重大飞跃，成为近代微量元素研究的重大突破，也拉开了硒与人体健康研究的序幕。

1.3.3 被确认为人体所必需的微量元素（1966—1975 年）

1966 年，Shamberger 和 Frost 博士通过试验发现，硒对人类具有保护作用，可减少患癌风险，美国部分土壤中硒含量很高，使得食物中硒含量处于较高水平。

1972 年，John Rotruck 博士等在第 56 届 FASEB 年会上提出，硒是谷胱甘肽过氧化物酶分子的一个重要组成部分（每一个分子酶中含有 4 个硒原子），该酶与免疫、衰老、抗氧化、抗癌密切相关，从而在分子机制上确立了硒是人体所必需的微量元素。

1973 年，世界卫生组织（WHO）宣布硒是人和动物维持自身正常生命活动所必需的微量元素。

1974 年，美国食品药物监督管理局（FDA）认证组织向公众宣布：硒是抑癌剂，建议每天补充 200 μg 硒元素。

1975 年，Awasthi 的研究结果表明，硒作为人体所必需的微量元素，是人体红细胞内谷胱甘肽过氧化物酶（GPx）活性中心不可或缺的组成元素。

1.3.4 克山病之谜（1935—1984 年）

1935 年，黑龙江省克山县出现了一种以其地名命名的疾病——克山病，主要症状为急性和慢性心功能不全、心脏扩大、心律失常，以及脑、肺和肾等脏器的栓塞。由于当时科技水平和经济条件的限制，问题一直未获解决。

直到 1965 年，西安医学院的研究组通过给陕西病区的患者服用亚硒酸钠和维生素 E 片才发现硒有防治该病的效果。

1969—1972 年，中国预防医学科学院的克山病防治小分队在黑龙江省单独使用亚硒酸钠片治疗克山病，效果显著。此后，他们进一步分析发现，克山病病区普遍缺硒，居民日硒摄入量平均在 17 μg 以下，头发硒含量低于 0.12 μg/kg，血液硒含量低于 20 μg/L。正是这一发现，明确了硒与克山病的关系，解决了困扰病区居民近 40 年的难题。

1984 年，第二届关于硒的国际会议上，中国预防医学科学院杨光圻教授宣布，补硒可以有效控制我国低硒地区的克山病，这一成果被国际生物无机化学家协会授予施瓦茨奖。

1.3.5 硒与肝脏（1987—1993 年）

1987 年，江苏省启东市病毒性肝炎暴发流行，但吃硒盐区域居民的肝炎发病率明显较对照组低，这向世界揭示了硒与肝炎、癌症的关系，开创了硒研究的全新领域。

1993 年，中国预防医学科学院于树玉教授发表论文，公布了自己在我国肝炎、肝癌高发区——江苏省启东市肝癌高发人群吃硒盐预防原发性肝癌的前瞻性研究。通过 6 年观察，吃硒盐的居民血硒含量明显升高，肝癌发病率从 1984 年的 52.84/10 万降为 1990 年的 34.49/10 万，降幅近 35%，而对照组居民肝癌发病率仍维持较高水平，说明补硒可以预防肝癌。

1.3.6　硒的摄入量（1982—1988年）

1982—1990年，我国科学家杨光圻教授等在低硒的克山病病区和高硒的湖北省恩施地区进行了长达8年的硒需要量和安全量的研究工作。研究结果如下：硒的生理需要量每日为40 μg，硒的界限中毒量每日为800 μg，由此建议推荐膳食硒供给量范围为每日50～250 μg，最高硒安全摄入量为每日400 μg。

1988年，中国营养学会通过对我国13个省市居民大面积的营养水平调查发现，成人每日硒的摄入量仅为26.63～32.40 μg，提出了中国居民膳食硒摄入量推荐标准，目前最新标准的适宜区间为60～400 μg。

1.3.7　硒与病毒（1994—2003年）

1994年，美国著名病毒学家威廉·泰勒提出"病毒硒蛋白理论"：一些由病毒（艾滋病病毒、感冒病毒、埃博拉病毒、肝炎病毒）引发的疾病患者体内存在硒缺乏的情况，补硒有利于抑制病毒的复制，其原因不仅是通过提高机体免疫力来起到保护作用，更重要的是硒可以直接作用于病毒。

2003年，中国疾病预防控制中心陈君石研究员宣布，经过其多年研究发现，在各种具有免疫调节功能的营养素中，硒是唯一可以直接抗病毒的营养素。抗击"非典"中，硒发挥了重要作用。

1.3.8　硒与重金属（1999—2000年）

1999年12月10日至2000年4月7日，中国组织了第16次南极科学考察，在后续研究过程中，科学家发现南极的企鹅和海豹体内有严重过量的汞元素富集（随大气洋流沉降在两极），但企鹅和海豹却非常健康。后来经过深入的检测分析发现，原来企鹅和海豹以富含硒的磷虾等海产品为食，硒通过一种硒蛋白对汞起到了拮抗作用，即汞虽然还在企鹅和海豹体内，但是已经不产生生物毒性。这个发现印证了硒元素对重金属有"排毒解毒"作用的结论。

1.3.9 硒的防癌抗癌作用写入教科书（2006—2010 年）

2006 年，人教版初中化学九年级下册第 94 页写道：硒对人体有防癌、抗癌作用，缺硒可能引起表皮角质化和癌症。如果摄入量过高，会使人中毒。

解密长寿村（2010 年）——2010 年 5 月 18 日，中央电视台《科技博览》节目报道了江西省宜春市温汤镇有一个著名的无癌长寿村，那里有很多百岁老人，并且身强体壮。节目揭示了当地的长寿现象与环境中硒含量丰富紧密相关。

1.3.10 FDA 规定婴幼儿奶粉必须添加硒（2016 年—）

自 2016 年 6 月 22 日起，美国食品药品监督管理局（FDA）于 2015 年 6 月通过的一项最终规则正式生效，规定婴幼儿配方奶粉须标明每 100 kcal 的硒含量。同时要求婴幼儿配方奶粉的最低及最高硒含量分别为 2.0 mg/100 kcal 和 7.0 mg/100 kcal。

1.4 小结

硒是一种非金属元素，有多种化学价态，可形成多种硒化合物。同时，硒还具有类金属的特殊性质，在工业中具有广阔的应用前景。随着人们对硒元素研究的不断深入，在硒健康领域，已经从最初的认为硒是对人体有毒有害的元素，将硒元素定位为人类健康不可缺少的必需元素。同时发现，缺硒会引发人体健康问题，而由于人体自身不能合成，硒元素只能从食物中获得，因此，越来越多的国家和地区已经制定了补硒的方案和措施，在全球范围内主要发达国家处于引领地位。目前，我国的相关研究也已步入世界前列。进行优质、安全、高效的新型富硒食品与营养补充剂的开发与应用，是多数国家提倡的重要措施，也是未来硒营养健康发展的主要方向。

第二章 硒与健康

硒是人体所必需的 14 种微量元素之一。《中国居民膳食营养素参考摄入量》标准中明确指出人体谷胱甘肽过氧化物酶（GPx）等一系列蛋白肽链的一级结构中具有含硒氨基酸，是人体抗氧化作用的重要功能部分。

近年来，有关硒对人体的价值及与人类健康的关系成为研究热点，多数学者从人的机体对硒的吸收、运输和代谢，以及硒在机体内的存在形态和代谢对机体细胞和器官产生的生理病理作用等过程进行了一些研究，综合来看，硒元素与人类健康关系的研究主要集中在吸收、运输、代谢及对人体健康的价值等。

2.1 硒元素在人体内的分布与存在形态

硒元素遍布人体组织器官，在机体内广泛分布。机体内各组织器官硒浓度由高到低是：眼睛＞肾脏＞肝脏＞心脏＞肌肉＞骨骼。

机体硒有且仅有两种代谢库。①有机库：不含有四价钠标记的硒代蛋氨酸（又称甲硒丁氨酸，SeMet）形式的硒，含其余所有硒化合物；②无机库：四价硒盐可交换代谢库，只含有 SeMet。无机库的硒可单向进入有机库，有机库的硒不能进入无机库。机体合成含硒生物活性物质时利用这两个库中的硒。机体利用这两个库中的硒合成机体生命活动所需的生物大分子物质，以保证机体正常的生命活动。硒生物大分子浓度达到饱和后，富余的有机硒继续存储于有机硒代谢库中，富余的无机硒则主要通过肾脏排出。以无机硒和有机硒两种形式给缺硒者补硒，二者增加机体 GPx 活力的作用相同，但当 GPx 达到饱和后，无机硒组机体硒水平不再上升，有机硒组机体硒水平仍会上升。证明膳食以有机硒形式补充，人体对硒的吸收率和利用率更高。

硒元素在机体内有两种存在形态：一种是无机硒；另一种是有机硒。无机硒主要是四价亚硒酸盐（SeO_3^{2-}）和六价硒酸盐（SeO_4^{2-}），通过与氨基酸结合生成硒蛋白和含硒酶类发挥作用。有机硒分为两类：一类为硒代氨基酸，包括硒代半胱氨酸（SeCys）和SeMet；另一类为硒蛋白，包括含硒蛋白质谷胱甘肽过氧化物酶及其他。当前生物体内已知有机硒化合物有20余种，分成五类（表2-1）。

表2-1 生物体内已知有机硒化合物的分类

家族类别	硒化物	分布
谷胱甘肽过氧化物酶（GPx）家族	经典的谷胱甘肽过氧化物酶（GPx-1）	遍布全身，发挥"生物硒"缓冲剂作用
	胃肠道谷胱甘肽过氧化物酶（GPx-2）	主要分布在胃肠和肝脏中
	血浆谷胱甘肽过氧化物酶（GPx-3）	分布于五脏、胎盘和男性生殖系统
	磷脂氢谷胱甘肽过氧化物酶（GPx-4）	同GPx-1一样在机体广泛表达，男性睾丸中的活性最强
	GPx-5、GPx-6、GPx-7和GPx-8	其生物学功能尚不清楚。GPx-5分布于胚胎和嗅皮；GPx-6是GPx-3同系物，只在人体中存在；GPx-7和GPx-8在内质网表达
硒蛋白	血浆硒蛋白（Se-P）	主要分布于脑、肝脏和心脏
	肌肉硒蛋白（Se-S）	主要存在于组织细胞膜内质网上
碘化甲腺原氨酸脱碘酶（ID）家族	Ⅰ型碘化甲腺原氨酸脱碘酶（ID Ⅰ）	分布于肝、肾、脂肪、甲状腺、脑下垂体、卵巢
	Ⅱ型碘化甲腺原氨酸脱碘酶（ID Ⅱ）	分布于中枢神经系统、脂肪和骨骼肌
	Ⅲ型碘化甲腺原氨酸脱碘酶（ID Ⅲ）	存在于子宫、胎盘、胎儿的中枢神经系统
硫氧还蛋白还原酶（TR）	有TR1、TR2和TR3三种类型	TR1、TR2普遍存在于机体中，TR2在前列腺、卵巢、肝脏、睾丸中浓度更高；TR3存在于睾丸
硒代磷酸合成酶（SPS）		存在于肝脏

2.2 机体对硒元素的吸收、运输与代谢

人体可以直接吸收有机硒和无机硒，但有机硒在机体的吸收、转化和利用率为80%，比无机硒高30%，且可在机体组织中贮存，无机硒大多直接被代谢消耗掉，并对人体有一定的毒害作用。

食物中的硒一般通过肠道被吸收进入体内（图2-1），十二指肠是硒元素吸收的主要部位，不同形式的硒［主要为硒代氨基酸，包括 SeMet、甲基硒代半胱氨酸（Me-SeCys）、SeCys 及少量 SeO_4^{2-} 和 SeO_3^{2-} 等］以不同吸收机制被肠道部分吸收，随即被血液中的红细胞摄取，通过一系列还原反应、连续的甲基化作用，还原、催化为有机硒化物，有机硒化物在血浆与血浆蛋白结合，其中包括 α 球蛋白、β 球蛋白、低密度脂蛋白（LDL）和极低密度脂蛋白（VLDL），形成硒蛋白。过程与吸收硫氨基酸的方式基本相同，其通过活性钠依赖系统被肠道吸收。无机硒（主要为 SeO_4^{2-}、SeO_3^{2-}）与吸收硫酸盐（SO_4^{2-}）的方式相同，SeO_4^{2-} 和 SeO_3^{2-} 穿过肠刷状边界膜后，在膜上利用钠促进和能量依赖方式被吸收。摄入的硒经过肠道吸收后，以小分子形式从门静脉释放到肝脏中转运。在肝脏中，硒代氨基酸的整体转运主要由 B^0 和 b^0+rBAT 系统主导，SeO_4^{2-} 的转运通过被动运输实现，需要依赖于 SLC26 转运蛋白家族。

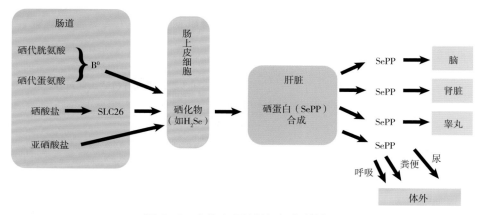

图 2-1　人体内硒的转运与代谢过程

硒的吸收效率与硒的形态有关，吸收率由高到低依次为 SeMet > Me-SeCys > SeO_4^{2-} > SeO_3^{2-}。硒化物（如 H_2Se）是有机硒和无机硒化合物代谢相互转化的中间体。其中，SeMet 可以借助肠道细菌蛋氨酸酶的催化释放硒化物。Me-SeCys 是由胱硫醚 – γ – 裂合酶催化为甲基硒醇（CH_3SeH），再脱甲基形成硒化物。SeO_3^{2-} 还原为硒化物，一是由硫氧还蛋白还原酶（TXNRD）和硫氧还蛋白直接作用；二是与谷胱甘肽（GSH）反应生成亚硒二谷胱甘肽，还原为谷氨硫醇后再与 GSH 反应生成硒化物。从肠道内腔吸收的硒被转化为硒化物后，可以作为硒源掺入硒蛋白中，硒蛋白随血液流动被运送至机体各组织器官中参与人体生命活动（图 2-2）。

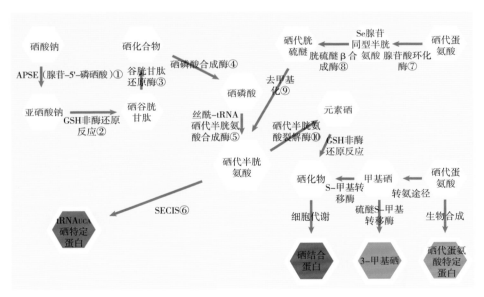

注：途径⑤⑥是红细胞内无机硒转变为有机硒的中间步骤，摄入有机硒无此过程；SCEIS：SeCys 插入序列；途径⑨生成的 SeCys 还可以降解释放四价亚硒酸盐。

图 2-2 硒元素在人的机体内还原反应和甲基化反应

2.3 硒与人体健康

硒元素与人类健康的关系在我国主要表现在人群总体硒摄入不足而导致机体缺硒引发的人体亚健康或不健康状态。硒是人体生长发育过程中必不可少的微量元素，通过参与人体新陈代谢，增强人体免疫力，从而达到增强身体素质和延缓衰老等维护人类健康的目的。硒在人体各项生理功能的调节中发挥着重要作用。研究发现，硒具有抗氧化、调节免疫、预防心血管疾病、抗病毒、抗衰老、抗癌等作用，缺硒会对人体重要器官功能产生影响，导致疾病发生，对人体生长发育产生严重不良影响，也会使人体免疫力低下，机体防御力降低，各种病毒更容易侵入机体；相反，摄入适宜量的硒对人体健康有着非常积极的作用。目前探讨较多的是硒在癌症预防与治疗上的作用、硒与甲状腺病、糖尿病及心血管疾病间的关系。

2.3.1 人体缺硒的危害

在 Navarro 和 Williams 的调查中，报告了全世界不同程度缺硒人群达到 5 亿～10 亿人，遍及 40 多个国家和地区，我国更是有 72% 的地区属于缺硒或者低硒地区，在这些地区居住着我国 3/4 的人口，克山病、大骨节病、白内障和胰腺病等重大疾病的一个重要诱发因素就是机体摄入硒不足，硒在人体中的作用不可替代，增加硒摄入量势在必行。植物是人体获取硒的重要途径，通过日常饮食提升人体硒摄入量则是目前公认最好的补硒方式。Rayman 等研究发现硒的形态及含量会影响其在人体内的吸收代谢过程，决定其在体内的生物活性。

目前，人们更关心的是人体长期处于低硒水平对于健康的影响。对缺硒患病人群长期大量跟踪对比试验结果表明，血硒含量充足可以提高患者痊愈概率，加速恢复进程及预防并发症，在安全剂量内对机体生长发育有一定的促进作用。Dawd 等在硒缺乏对阻碍儿童碘缺乏甲状腺反应的研究中发现，低浓度硒影响了碘缺乏甲状腺患者的正常甲状腺功能，即使是有足够碘营养的人群甲状腺功能也会受到影响。低血清硒增加了丹麦成年人在引入碘盐治疗前后甲状腺肿大的风险。来自两个不同作物和土壤硒水平的中国大量人群研究表明，甲状腺的发病率在低硒人群的病理学率（如甲状腺功能减退和甲状腺肿大）显著增高。硒和碘的双重缺乏对儿童甲状腺疾病的疗效产生负面影响。建议需要考虑纠正硒营养，以提高碘的有效利用率，并考虑硒在普通食品中的生物学重要性。从已有的研究结果来看，人体处于低硒水平不仅不利于机体生长发育，而且会加重人类病的发生发展，增加并发症风险和降低疾病治疗效果。

2.3.2　人体硒中毒的危害

硒对人体的正常生长发育具有十分重要的作用，同时在毒理学上也具有重要的研究价值。过量摄入硒可能会导致急性或慢性硒中毒，这是由于环境硒含量高、补充硒过量或滥用药物所致。食物中硒的毒性剂量为 5 mg/kg，饮用水中硒的毒性剂量为 0.5 mg/kg。根据人体质量计算，每日硒摄入量在 400～800 mg/kg 范围内，可引起急性中毒，表现为胃肠道症状如呕吐、腹泻等，严重可引发休克、呼吸衰竭或心力衰竭。慢性硒中毒通常是由于长期硒平均日摄入量高于 2.4 mg，但少于 3.0 mg，慢性中毒大多表现为胃肠道功能紊乱、脱发及脱甲。迄今为止，关于饮用水中接触硒元素对健康影响的流行病学证据有限，Marco 等调查了意大利雷吉奥埃米利亚市（Reggio Emilia, Italy）河水中硒含量与死亡率之间的关系。总体试验结果发现，在饮用水中长期接触无机六价硒，一些特定部位的癌症和神经退行性疾病的病情严重程度明显提高了。所以，无机硒对机体有选择性的毒副反应，硒进入人体的形式、含量都可能决定硒对机体是有益的还是有害的。

2.3.3　硒与人体的生长发育

我国人群普遍缺硒，多种人类疾病已证实与地方性人群缺硒有关。人体缺硒会导致人体机能下降，近年来的统计数据表明，当人体缺硒时，感染高致病的病毒性疾病危险明显增大。人体在缺硒的情况下，普通病毒的致病性会增强，机体潜在性地处于易感病状态。

地方性人群缺硒是指某地区人群普遍硒水平低于正常。该地区人群在人体生长发育成熟阶段长期硒摄入量不足导致机体长期处于硒水平低下状态，影响机体正常生理代谢功能，造成缺硒敏感性病原病毒更易侵犯人体，因此，导致该地区人群普遍患有类似疾病，发病率高，即地方性缺硒病。科学家已经从早期发现的黑龙江齐齐哈尔克山地区的克山病患者的血液和组织中分离出柯萨奇病毒，并证实克山病是由毒性变强的柯萨奇病毒引起的。当人体缺硒时，对患有某些毒性疾病，如感冒、天花、肝炎等的危险性将增大。迈阿密大学对艾滋病感染者的研究证明，体内缺硒的艾滋病感染者与体内含硒酶具有最佳活性的艾滋病感染者相比，死亡率要高出 20 多倍。其他地方性缺硒病还有广东省河源地区的溪山病和东北的大骨节病等。由于地区性缺硒，导致地区人群普遍硒摄入量不足，严重阻碍机体正常生长发育。

生育繁殖是哺乳动物繁衍种族的重要生理过程，人类通过繁殖后代才能得以延续。正常生殖组织的发育需要睾丸中的硒含量处于最佳水平，而一个微小的偏差，无论是不足还是过量，都会导致发育异常。硒可与蛋白（酶）组成含硒蛋白，包括经典的谷胱甘肽过氧化物酶（GPx-1）、血浆谷胱甘肽过氧化物酶（GPx-3）、线粒体型磷脂氢谷胱甘肽过氧化物酶（mGPx-4）、细胞质型磷脂氢谷胱甘肽过氧化物酶（cGPx-4），以及在精子成熟过程中保护精子免受伤害的附睾特异谷胱甘肽过氧化物酶（GPx-5）；而含硒蛋白，如 mGPx-4 和精核型磷脂氢谷胱甘肽过氧化物酶（nGPx-4），则是成熟精子的结构成分。因此，硒和含硒蛋白确保了精子的生存能力及对活性氧的保护。对含硒蛋白的研究表明，它们在代谢过程中的缺失会导致精子异常，进而影响精液质量和生育能力。偏离膳食硒的最佳浓度，无论是高于还是低于最佳，都可能导致精子多重异常，并影响精子的运动和生育能力，性欲也可能因此而增加或下降。因此，膳食硒应达到最佳量，以维持男性的生殖功能，避免生育能力下降。硒对女性生育繁殖也有一定的作用，许多报告涉及一些生殖和产科并发症中硒缺乏的影响，包括性不孕、流产、先兆子痫、胎儿生长受限、早产、妊娠糖尿病和胆汁淤积。

硒元素是早期孕育生命的重要元素，由于第 21 对染色体携带超过氧化物歧化酶（SOD）基因，孕产妇缺硒会使 SOD 基因可能发生氧化损害，导致胚胎遗传基因突变，使患儿发生唐氏综合征、智力低下。儿童时期缺硒则会影响智力和脑部发育。硒是预防胎儿畸形的重要营养素，一方面发挥其排毒解毒功效、辅助清除胎毒、防止镉引起胎盘坏死及畸形；另一方面通过 GPx-1 的强氧化作用对抗活性氧和自由基对胚胎造成的损害，影响胚胎细胞分裂、生长发育。

2.3.4 硒与心血管疾病

硒元素参与构成强抗氧化酶 GPx，清除机体内脂质过氧化物和低密度脂蛋白、极低密度脂蛋白结合，缓解机体高胆固醇血症和高甘油三酯血症，调节血脂，降低血液黏稠度。

Hu 等以生活在北极的因纽特人为研究对象，在加拿大，评估汞、硒和心血管健康之间的关系，包括脑卒中、高血压（HTN）和心肌梗死（MI），并且从 2007 年和 2008 年进行的国际极地年因纽特人健康调查（IHS）收集数据。通过测量血硒和血汞，并收集自报心血管健康结果。对 2169 名 18 岁及以上成人进行问卷调查，平均年龄42.4岁，男性占38.7 %，血清硒和总汞的几何平均值分别为 319.5 μg/L 和 7.0 μg/L，心脏病、脑卒中和高血压的粗发病率分别为 3.55 %、2.36 % 和 24.47 %。根据血汞（高：≥ 7.8 μg/L；低：< 7.8 μg/L）和血清硒（高：≥ 280 μg/L；低：< 280 μg/L）分为 4 个暴露组，用一般线性化模型估计心血管结局的比值比（OR），结果表明低硒和高汞组心血管疾病的患病率较高（高血压发病率分别为 1.76 和 1.57，脑卒中和心肌梗死组的发病率均为 1.26），高硒组和低汞组（高血压组发病率为 0.57，脑卒中组和心肌梗死组的发病率分别为 0.44 和 0.27）及高硒组和高汞组（高血压组发病率为 1.14，脑卒中组和心肌梗死组的发病率分别为 0.31 和 0.80）的患病率均有所下降。数据表明，高硒组和低汞组的心血管结局患病率最低，但心肌梗死组除外。这些结果为说明硒对心血管疾病具有保护作用提供了证据。

2.3.5 硒与甲状腺病

在严重缺硒地区，由于甲状腺细胞内硒依赖性 GPx 活性降低，甲状腺疾病的发病率很高。Ashok 等研究补充硒对自身免疫性甲状腺疾病患者的影响。通过对 60 例自身免疫性甲状腺疾病患者［定义为抗甲状腺过氧化物酶抗体（TPOAb）水平超过 150 IU/mL〕进行的盲法安慰剂对照前瞻性研究，与甲状腺基线状态无关。该研究排除了服用抗甲状腺药物的显性甲亢患者、服用了任何其他药物可能改变免疫状态的患者和孕妇，将患者随机分为两个年龄组和 TPOAb 配对组，30 例患者一天口服 200 μg Na_2SeO_3 3 个月，30 例患者接受安慰剂治疗，所有甲状腺功能减退患者接受 1– 甲状腺素替代治疗。结论：在硒治疗组的 30 例患者中，6 例明显甲状腺功能减退，15 例亚临床甲状腺功能减退，6 例甲状腺功能正常，3 例亚临床甲状腺功能亢进。平均 TPOAb 浓度在硒治疗组显著降低 49.5%（$P < 0.013$），而在安慰剂治疗组显著降低 10.1 %（$P < 0.95$）。结论：硒替代对甲状腺特异性自身免疫性疾病的炎症活性有显著影响。

2.3.6　硒与糖尿病

糖尿病是现代人常见的"三高"病之一，即血糖高。患者空腹时机体血糖水平长期持续高于 7.3 mmol/L，其典型的临床体征为多饮多尿多食及消瘦，而且易诱发心血管疾病。Daeyoun 为了研究硒治疗是否会影响糖尿病的发病，检测了糖尿病和非糖尿病小鼠的血清生化成分，包括葡萄糖（Glu）和胰岛素（RI）、内质网（ER）应激和胰岛素信号蛋白、肝脏转录因子 C/EDP 的同源蛋白（CHOP）表达和 DNA 片段化研究。关于非肥胖型糖尿病（NOD）小鼠的糖尿病和非糖尿病状态，得出以下结论：①硒治疗诱导的胰岛素显著降低 NOD 小鼠的血糖水平；②经硒治疗处理的小鼠显著降低了与肝损伤和脂质代谢相关的血清生化成分；③使用硒处理后，可通过 JNK、elF2 蛋白的磷酸化和胰岛素信号机制，以及 Akt 和 PI3 激酶的磷酸化作用，引起 ER 应激信号的激活；④经硒处理的小鼠在糖尿病 NOD 组肝组织中的凋亡明显减轻。

这些结果表明，硒化合物不仅作为胰岛素样分子下调血糖水平和肝损伤的发生率，还可能通过激活 ER 应激和胰岛素信号途径开发新的药物来缓解糖尿病。对于临床治疗糖尿病有重要启示。

2.3.7　硒与癌症

硒元素被认为是一种抗癌保护剂，尽管硒的抗癌作用模式还不完全清楚，但有几种机制，如硒酶的抗氧化保护、硒代谢产物对肿瘤细胞生长的特异性抑制、硒代谢产物对肿瘤细胞生长的调节等，都是硒在人体内调节癌症发生发展的重要机制。关于细胞周期和凋亡，以及对于 DNA 修复的影响机制也已被提出。需要注意的是硒的抗癌性能取决于硒的性质、硒的化学形态、治疗剂量和肿瘤类型。较高的营养剂量可以刺激人体免疫系统。因此，对缺硒人群补哪种形式的硒、补硒方式及补硒剂量有要求，不可盲目补硒。有几种与硒的抗癌活性有关的假说，包括蛋白质中巯基的氧化引起它们的构象变化，这种构象变化具有可行性，削弱参与癌细胞代谢的酶的活性。在人类纤维蛋白原亚硒酸钠而不是 Na_2SeO_3 的情况下，它抑制蛋白质二硫化物交换反应，防止形成一种疏水性聚合物，称为纤维蛋白，循环积聚，与许多退行性疾病有关。纤维蛋白可以特异性地在肿瘤细胞周围形成一种对淋巴细胞蛋白酶诱导的降解具有完全抵抗力的蛋白质。这样，癌细胞就可以免受机体免疫系统的破坏。在大多数流行病学研究中，硒的抗癌活性得到了证实。

最近的研究表明，硒元素不仅可以用于癌症预防，也可以用于癌症治疗。在大量的实验模型中，对硒化合物的广泛研究已经证实了对恶性细胞的生长抑制作用。此外，将硒与传统的癌症细胞结合在一起，可以抑制恶性细胞的生长。治疗在临床前研究和一组人类试验中都取得了很有前景的结果。该项研究介绍了常见化合物对健康和恶性细胞差异作用的药效学机制，并总结了相关的体内外数据，强调了当前硒化合物与化疗和辐射联合治疗癌症作用的研究，从抗肿瘤功效和毒性预防两个方面讨论了这种方法的临床实用性，证明硒在癌症治疗中有一定的疗效。

2.4 机体必要的硒水平量

2003—2006 年，江西省地质调查研究院在丰城董家介山发现，该地区含硒量达到国家富硒土壤标准，而且属于有机硒形态，对农产品开发有着重要价值。丰城也因富硒成为江西百岁老人最多的县市，人口死亡率低，介山村又被称为长寿村。

　　Gyorgy 试图验证低血硒浓度与心脏手术后更高的死亡率、发病率和炎症反应增加有关。他们对 197 名连续接受泵送手术的患者进行中心临床调查。手术前采集全血硒分析用的血样。根据欧洲心血管手术危险因素评分（EuroSCORE）评估其风险情况，以 EuroSCORE、肌钙蛋白排泄程度和硒浓度为解释变量，结果参数包括 30 天死亡率、全身炎症反应发生率、心脏和肾功能不全。结果显示，非存活者的平均血硒水平明显低于存活者的（102.2 ± 19.5）µg/L，而非存活者的肌钙蛋白浓度显著高于非存活者的（111.1 ± 16.9）µg/L（$P = 0.047$）。该模型显示，硒水平较低是术后大动脉的一个次要但明显存在的风险因素。结论需要进一步检查，但低硒在导致术后高死亡率因果链中的作用显然是不利因素。

　　以上均表明，人体整体硒含量水平与死亡率呈非线性相关，即在一定硒浓度水平下，血清硒含量越高，死亡率越低，超过阈值，则死亡率升高。

　　美国食品和营养委员会建议成人每日摄入 50～200 µg 的安全硒。杨光圻教授的研究成果被中国营养学会和中国预防医学科学院营养食品卫生研究所采纳，并被世界卫生组织、联合国粮农组织和国际原子能机构采纳。图 2-3 是人体硒摄入量的动态数据情况。

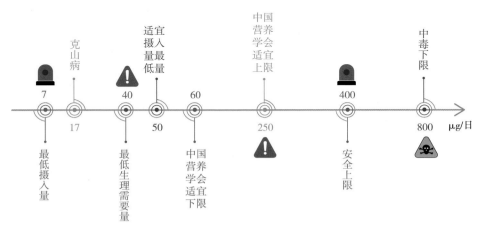

图 2-3　人体硒摄入量的动态数据

2.5 小结

　　人体内硒元素含量与生命活力密切相关，人体硒水平的高低对人体生理活动和病理发生发展过程有着重要影响。人体内硒水平过高会导致硒中毒，影响人体正常生理活动，造成机体功能损害；硒水平过低会导致患病概率上升，病程延长，预后不良。目前已初步证明机体低硒水平对疾病的发展是不利的，且机体处于低硒水平会延长患者已患疾病病程和延缓机体疾病痊愈进度。

　　全球有 40 多个国家和地区缺硒，群众普遍硒摄入量不足。造成大部分地区缺硒的主要原因是硒摄入量不足，好的补硒方法包括多食硒含量较高的食物。由于从植物中摄取硒是居民主要的硒摄入方式，而大部分地区土壤硒含量不足，植物从土壤中摄取的硒较少，人类仅仅靠食物摄入硒不足以保证机体硒水平的生理需要量。因此，要保证人体足够的硒摄入量不仅需要食补，更加需要其他硒源。补硒非一日之功，硒功能产业发展与人类健康发展息息相关，机体硒需求量日渐被人们所重视，有着深远的市场前景。

　　由于硒生物学的复杂性和硒蛋白的许多生物学功能尚未完全明晰，全面了解人体的硒代谢途径、营养学研究及临床药理作用，对于人类安全补硒、不盲目补硒，合理利用硒资源，预防、治疗相关疾病和保持人体健康具有重要意义。

第三章　硒与土壤

　　土壤是硒元素最重要的储备与来源地，虽然硒元素在土壤中分布广泛但并不均匀，土壤硒分布与含量高低由多种因素决定。通过研究土壤中硒的分布特征和迁移规律，可以更好地了解区域硒资源状况，加以开发与利用。

　　土壤中有效硒被植物吸收后进入食物链，进而转移至动物和人体内，发挥重要的生物学作用。影响土壤有效硒含量的因素主要有土壤质地（SWAT）、酸碱度（pH）、氧化还原条件（Eh）、有机质（OM）含量和其他离子等。此外，通过向土壤中添加外源硒、土壤改良剂及生物有机肥等调控技术，可以提高土壤硒的生物有效性及植物对硒的富集能力。

3.1　土壤中的硒

　　土壤中硒的来源主要以自然因素为主，如岩石的分化、大气沉降和火山作用等，人为因素包括工业废渣、人工施硒等。硒元素在地壳中的丰度为 $0.05 \sim 0.09$ mg/kg，土壤中的硒元素主要源自岩石风化及水体，而岩石中的硒元素含量约占地壳中总硒的 40%，不同岩性的岩石之间硒的含量差异较大。一般来说，不同岩石中硒的含量依次为：硅质页岩＞灰岩＞砂岩＞碎屑岩＞花岗岩＞板岩＞紫色砂岩。

　　在我国硅质页岩发育形成的土壤，如恩施等地的土壤硒平均含量达到 20 mg/kg，有些地区甚至高达 90 mg/kg。我国南方地区由花岗岩、板岩和紫色砂岩发育形成的土壤往往硒含量极低，均低于平均含量，最低仅为 0.05 mg/kg。苏宏灿等研究发现，鄂西自治州紫色砂岩区的土壤中硒元素含量最低，而石煤露出区的硒元素含量则最高，土壤中硒元素含量与母岩中硒元素含量成极显著相关关系。岩石中的硒通过长时间自然界的理化变化释放出来，在微生物与水体的作用下以各种价态存在于土壤中。

硒以不同形态在整个生物圈中（包括大气、土壤、水、生物体等）存在，在环境 pH 值、Eh，以及生物作用等因素的影响下会发生相互转变、迁移和循环（图 3-1）。

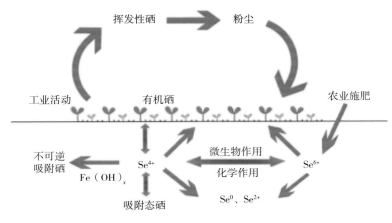

图 3-1 土壤硒转变、迁移和循环过程

土壤硒的人为输入主要来自以下几个方面：①化石燃料。通过人为燃烧煤，也是大气硒的来源之一。有报道称湖北恩施的煤中硒最高含量可达 94 000 mg/kg。火电厂燃烧的煤，会留下飞灰等细碎残渣，约 60% 的灰渣逸出进入大气，飞灰中硒含量一般不超过 50 mg/kg，大多介于 10～20 mg/kg，最高可达 200 mg/kg。②冶炼加工。硒是铅和铜精炼过程中产生的副产品，或是从硫酸厂的污泥中回收。据估计，1987—1993 年，美国铜冶炼行业向环境释放了超过 460 吨硒。墨西哥 Guanajuato 河谷地区富硒土壤中的硒主要来自人类开矿和冶炼活动。③涉硒工业。二氧化硒在冶金和有机合成中被用作催化剂，在油墨、矿物、植物和润滑油中被用作抗氧化剂。据估计，全球硒年消费量约为 2700 吨，近 90% 的硒用于消耗性用途。④肥料添加。文献报道全世界通过肥料向土壤输入硒的总量为 20～100 吨 / 年。一般来说，添加硒含量为 0.21～2.4 mg/kg 的有机肥料可能不会使硒立即迁移到植物中，但长期施用有机肥料会增加土壤的硒含量。

3.1.1 土壤中硒的形态

国内外对土壤中硒的形态有多种划分方法，多是依据浸提技术来划分。一般来说，根据其是否溶于水和能否被植物直接吸收利用可将其划分为水溶性硒（SOL-Se）和非水溶性硒两大类。其中，铁（Fe）/锰（Mn）氧化结合硒（FMO-Se）、元素硒、交换性硒和碳酸盐结合硒（EXC-Se）、残余硒（RES-Se）等为非水溶性硒，由于这些结合物稳定性强，极难在自然条件中释放利用，因此，这种形态的硒很难被作物吸收利用。而 SeO_4^{2-}、SeO_3^{2-} 和与富里酸络合的硒（FA-Se）都属于水溶性硒，被众多学者一致认为是易被作物吸收的。此外，尽管碳酸盐结合硒组分的生物有效性远低于可溶性硒，但也可被植物体少量吸收，因此，可溶性硒和碳酸盐结合硒都可以被定义为土壤中的生物有效性硒，一般测定土壤中水溶态硒可作为测定土壤中有效硒的重要方法，土壤中硒的生物有效性在确定植物硒浓度中发挥重要作用。

土壤中不同形态硒的有效性不同（表 3-1），多数学者认为易溶于水的 SeO_4^{2-} 植物有效性最高，是碱性土壤和干旱土壤（pH+pE > 15）中硒存在的主要形式；SeO_3^{2-} 在中性偏酸性稻田和南方湿润森林等土壤（pH+pE=7.5 ～ 15）中含量高，虽然 SeO_3^{2-} 易溶于水，但由于其在土壤中易被氧化铁或氢氧化铁吸附，而导致生物有效性相对 SeO_4^{2-} 较低；硒化物（Se^{2-}）难溶于水，仅存在于低氧化还原式土壤中（pH+pE < 15），在耕作土壤中存在很少，植物应用率低。因此，Beeson 等认为，土壤中的矿物态硒主要是 SeO_3^{2-}、SeO_4^{2-}。Oison 等利用盆栽试验，也证实了土壤中硒的有效度决定于土壤中水溶性硒的数量。我国学者对陕西部分地区土壤水溶性硒含量与当地生产的小麦和玉米籽粒中的硒含量进行实验，实验统计结果表明，水溶性硒含量同作物吸硒量间有良好的相关性。

表 3-1 土壤中部分含硒化合物及其存在环境

土壤中部分硒物种		各形态硒的主要性质及其存在环境特征
无机硒	元素态硒（Se^0）	不可溶，元素态硒在土壤中含量甚微，一般不参与化学反应，不能为植物所吸收，但在适宜条件下可通过水解、氧化剂及微生物直接氧化为亚硒酸盐和硒酸盐
	负二价硒化合物（Se^{2-}、HSe^-、H_2Se）	除碱金属的硒化物外，大部分硒化物不可溶，不能被植物吸收利用。多为半干旱地区含未经强烈风化的富硫化合物和含黄铁矿土壤中硒的主要存在形式。排水不良的土壤更容易积累不溶性硒化物
	四价硒化合物（SeO_2、SeO_3^{2-}、$HSeO_3^-$、H_2SeO_3）	四价硒主要是以二氧化硒和亚硒酸盐两种形式存在。其中，二氧化硒是一种较稳定的氧化物，主要来自化石燃料的燃烧，其在大气中流动性很强，可以固体颗粒形式存在，也可溶于水，并能够与水发生反应生成亚硒酸。亚硒酸盐既是土壤中硒的主要存在形式，也是可被植物吸收的主要无机硒形态，广泛存在于温带湿润地区土壤中；在酸性或中性且排水良好的土壤中，可通过配体交换反应在土壤表面形成内界表面配合物，很容易被氧化物和黏土矿物等吸附
	六价硒化合物（SeO_4^{2-}、$HSeO_4^-$、H_2SeO_4）	六价是硒的最高价态，相应化合物易被植物吸收，可溶性强。六价硒在土壤中主要以硒酸和硒酸盐的形式稳定存在，很难被土壤吸附，是土壤可溶性硒的主要组成部分，是植物可利用硒的主要来源。在碱性和氧化良好的土壤中，六价硒占主导地位
有机硒	硒代胱氨酸、硒代半胱氨酸、甲基硒代半胱氨酸、γ-谷氨酸-硒甲基硒代半胱氨酸、硒代蛋氨酸	土壤中有机硒化合物主要来源于动植物残体腐解和微生物作用。通常以负二价形式存在，是植物可利用硒的另一种存在形式，其成分复杂，种类繁多。

土壤全硒是指各种形态硒的总和，但其数值并不能代表土壤中有效硒含量，它同植物的吸收往往没有显著关系。

3.1.2 土壤硒含量标准

硒在土壤中的含量普遍较低但分布广泛，地壳中的硒平均含量为 0.07 mg/kg。2019 年，中国地质调查局（2019）发布地质调查技术标准《天然富硒土地划定与标识（试行）》（DD 2019—10），对富硒土地进行划定。规范中说明，当土壤中硒含量未达到富硒标准阈值，Cd、Hg、As、Pb 和 Cr 元素含量符合生态环境部（2018）发布的《土壤环境质量 农用地土壤污染风险管控标准（试行）》（GB 15618—2018），但种植的农作物富硒比例大于 70% 时，也可划入富硒土地。

目前，多数地区还是根据《土地质量地球化学评价规范》（DZ/T 0295—2016）中的硒等级划分标准，通常将硒含量小于 0.125 mg/kg 的土壤叫作缺硒土壤，0.125～0.175 mg/kg（包括 0.125 mg/kg）为低硒土壤，0.175～0.400 mg/kg（包括 0.175 mg/kg）为足硒土壤，0.400～3.000 mg/kg（包括 0.400 mg/kg）为富硒土壤，超过 3.000 mg/kg（包括 3.000 mg/kg）称作硒过量土壤（表 3-2）。

表 3-2　土壤硒等级划分标准及面积比例

含量分级	表层总硒（mg/kg）	Se 效应
缺乏	< 0.125	缺硒
边缘	$0.125 \leqslant Se < 0.175$	低硒
中等	$0.175 \leqslant Se < 0.400$	足硒
高	$0.400 \leqslant Se < 3.000$	富硒
过剩	$\geqslant 3.000$	硒过量

戴维等和 WHO 研究发现，世界各国土壤全硒含量大多为 0.1～2.0 mg/kg，不同国家和地区土壤全硒含量有着较大的差别，同一国家不同地区差别也很大。例如，美国部分地区土壤中硒含量可高达 20.00～40.00 mg/kg，同时也存在低于 0.175 mg/kg 的低硒含量地区；加拿大白垩纪地层区土壤全硒平均含量为 0.1～6.1 mg/kg；澳大利亚土壤全硒含量为 0.02～0.49 mg/kg；俄罗斯平原地区土壤全硒含量多小于 0.01 mg/kg。

我国土壤中硒的总储量位列世界第四，但我国土壤总体缺硒，且土壤硒含量差异较大，既有严重缺硒导致克山病和大骨节病的地区，如黑龙江克山地区和四川紫色土分布区；也存在硒过量中毒的土壤，如陕西省紫阳地区和湖北省恩施地区，但大部分在 0.2～3.0 mg/kg，平均为 0.296 mg/kg。我国表层土壤硒元素含量范围为 0.003～9.438 mg/kg，平均为 0.246 mg/kg，缺硒土壤硒含量平均为 0.01 mg/kg，而高硒土壤的硒含量可达 30～324 mg/kg。我国东北地区土壤硒含量平均为 0.108 mg/kg，海南省土壤硒含量平均为 0.295 mg/kg；陕北黄土高原土壤硒含量为 1～165 μg/kg。我国黄河、长江、珠江与浅海沉积物硒元素丰度分别为 0.12 mg/kg、0.20 mg/kg、0.25 mg/kg、0.15mg/kg。

由于各地区硒含量存在差异性，不少省份都依据地方状况颁布富硒土壤的相关地方标准。搜集中国地质调查局、甘肃省、黑龙江省、河北省、河南省、宁夏回族自治区及广西壮族自治区均等地的 7 项标准研究发现，多数标准均增加了土壤硒含量与 pH 值的关系（表 3-3）。综合全国来看，富硒土壤的硒含量值要求区间在 0.222×10^{-6}～0.4×10^{-6} mg/kg，碱性土壤硒含量值要求区间在 0.222×10^{-6}～0.325×10^{-6} mg/kg，西北甘肃、宁夏等地碱性土壤占比较大，硒含量要求相对较低。

表 3-3　各地富硒土壤标准汇总

单位：mg/kg

地区或单位	标准或文献	条件	硒含量值 /10^{-6}
中国地质调查局	《天然富硒土地划定与标识（试行）》（DD 2019—10）	pH ≤ 7.5 pH > 7.5	≥ 0.40 ≥ 0.30
宁夏回族自治区	《宁夏富硒土壤标准》（DB64/T 1220—2016）	无	≥ 0.222
甘肃省	《甘肃省富硒土壤标准研究与探讨》	pH > 7.5	≥ 0.28
黑龙江省	《富硒土壤评价要求》（DB23/T 2071—2018）	pH < 6.5 6.5 ≤ pH ≤ 7.5 pH > 7.5	0.4～3.0 0.35～3.0 0.325

地区或单位	标准或文献	条件	硒含量值/10^{-6}
河北省	《天然富硒土地判定要求》	pH ≤ 7.5 pH > 7.5	≥ 0.40 ≥ 0.30
河南省	《富硒土壤硒含量要求》 （DB41/T 1871—2019）	pH < 6.5 6.5 ≤ pH ≤ 7.5 pH > 7.5	≥ 0.35 ≥ 0.32 ≥ 0.3
广西壮族自治区	《土壤中全硒含量的分级要求》	水田 旱地 园地	0.45～3.0 0.49～3.0 0.55～3.0

3.2 硒在土壤中的迁移与分布

3.2.1 硒在土壤中的迁移

自然界的岩石经过风化和降水等作用，将硒元素转移到土壤，受土壤固、液、气三相体系的作用，主要通过物理方式（机械搬运）在土壤中迁移至植物根系部分富集。有研究表明，降雨、干旱和蒸散是硒在土壤中迁移的重要影响因子。此外，不同土壤类型硒的迁移淋溶率也有明显差异：紫色土＞黄棕壤＞黑钙土＞黄壤＞红壤＞赤红壤。顾涛等在珠江三角洲水稻土中研究发现，在水平方向，硒元素受到地下水体的流动影响沿土壤水流动方向往下游迁移，土壤的低洼处硒元素富集最多；在垂直方向，硒元素通过该地区强烈的淋溶条件垂直迁移到土壤的下层，主要富集在土壤中下部的淋溶淀积层。

3.2.2 硒元素的空间分布及特征

硒元素的分布具有空间异质性，土壤不同成土母质对其含量与分布有着较大影响，如有学者对浔郁平原研究发现，泥盆系地层中土壤硒含量最高

（1.0 mg/kg），其次是第四系和古近系中硒含量基本持平（0.60 mg/kg），而白垩系中硒含量最低（0.40 mg/kg），但均大于全国背景值（0.29 mg/kg）。此外，泥盆系地层岩性富硒区域受碳酸盐系影响较大，碳酸盐岩发育而来的土壤中硒含量较高。地带性的差异是影响硒在不同土壤类型中含量分布不均匀的重要因素。

世界范围内土壤自然硒含量在 0.01～2.0 mg/kg 且空间差异极大，在 30°以上的中高纬度存在着一条大致方向的缺硒分布带。全球高硒土壤呈不连续的点状分布，仅在美洲、欧洲、亚洲个别地区有报道，这些土壤中的硒含量平均为 4～5 mg/kg，个别地区可达 80 mg/kg 以上。我国低硒带呈东北—西南走向，缺硒地区约占国土面积的 71.2%，已有报道表明，我国缺硒地区主要集中分布在青藏高原、内蒙古东部等地；低硒地区主要分布在华南、华东、华中、四川、甘肃、辽宁、吉林、新疆等地；足硒地区主要分布在三江平原、关中平原等地；富硒地区主要分布在华南和华中，并较为零散地分布在新疆、内蒙古和河南等地；硒过量地区在我国仅有零散分布。

3.3 土壤中硒有效性的影响因素

植物对于土壤中硒元素的吸收与土壤中硒的总量及存在形态和组分密切相关，植物主要吸收 SeO_3^{2-} 和 SeO_4^{2-}。影响土壤中有效硒含量的因素主要有土壤质地、pH 值、Eh、OM 含量和其他离子等。

一般认为，土壤的全硒含量与土壤有效态硒的含量呈正比；土壤黏粒能吸附土壤硒，可降低土壤中硒的有效度，土壤 pH 值和 Eh 是影响土壤中硒元素形态与生物有效性的关键因素，土壤 pH 值越高，土壤硒的有效度梯度增加越大；pE + pH > 15 的土壤中，SeO_4^{2-} 是主要的存在形式，在 7.5 < pE + pH < 15 的土壤中，SeO_3^{2-} 是主要的存在形式。由于 OM 可影响硒元素在土壤中迁移，因此，可显著影响硒的生物有效性。

3.3.1 土壤质地

土壤硒的有效性与土壤质地存在一定的关系，一般土壤中存在较多的黏粒时，土壤总硒含量往往更高，这主要是由于黏土矿物表面离子带有正电荷，对硒元素有很强的亲和力。徐强等在方正县的研究发现，当土壤中的黏粒量与土壤总硒含量呈正相关，而土壤中砂粒量则与土壤总硒含量呈负相关。但由于土壤中水溶性硒会被黏土矿物表面的离子吸附，造成土壤有效硒含量降低，因此，随着土壤质地变黏，土壤中硒的有效性反而会降低。黏土颗粒大小对硒的吸附和固定化也有重要影响。在我国海南省土壤中，粒径大于 1 mm 的土壤颗粒对硒没有固定的影响，而小于 0.025 mm 的黏土则增加了土壤颗粒对硒的吸附量，从而降低了土壤的有效硒含量。Hamdy 等调查研究发现，土壤有效硒富集程度在土壤粒径小于 0.08 mm 时最高，在粒径为 0.12～0.15 mm 时的富集程度次之。不同土壤质地对 SeO_4^{2-} 和 SeO_3^{2-} 的富集能力不同，我国南方地区红壤中黏粒含量较高，SeO_4^{2-} 在质地较黏的红壤中的有效性较高；我国北方地区质地较疏松的黑土中 SeO_3^{2-} 存在的有效性较高。在我国部分地区的黄壤中，由于矿物黏粒含量较多，会将 SeO_4^{2-} 吸附络合在其表面，降低了 SeO_4^{2-} 在黄壤中的流动性，黄壤中大量存在的铁铝氧化物也会与 SeO_4^{2-} 产生化学沉淀反应，降低土壤硒的有效性。

3.3.2 土壤 pH 值

众多研究表明，pH 值对于硒的有效性会产生显著的正向影响，对于土壤硒的有效性会产生较大的影响。土壤 pH 值影响着土壤中 Se 的存在价态、形态及吸附、解吸过程，在中性和酸性条件下 SeO_3^{2-} 是主要物质，植物对 SeO_3^{2-} 的吸收明显增强，而在碱性土壤中 SeO_4^{2-} 是主要的存在形式，SeO_4^{2-} 极易溶解，且生物活性强、易被植物吸收。研究发现，SeO_3^{2-} 与土壤中带正电荷的结合位点紧密结合，主要是黏土颗粒和铁/铝氧化物，SeO_4^{2-} 仅被土壤颗粒弱吸附，在土壤溶液中流动性更强。因此，在碱性土壤中硒的有效性会显著提高，而在酸性土壤中硒的有效性变化不明显甚至会出现某些价态的硒被固定的情况。

有学者研究发现，在酸性土壤条件下，草叶类的植物可以吸收土壤中约 40% 的硒；而在碱性土壤中草叶类植物对硒的吸收富集能力大大提高，能够达到 80% 以上。

3.3.3 土壤 Eh

土壤 Eh 电位变化会影响土壤中硒元素的价态分布，而硒元素价态的差异直接影响着植物对硒的吸收。如果处于高度氧化状态，则主要以 SeO_4^{2-} 形态为主，吸附难度较低，所以对应着有较高的有效性；而减小 Eh 电位时，其形态主要是 SeO_3^{2-} 及硒化物等，有效性随之降低。

刘鹏等针对该因素的影响进行了相关研究，发现土壤中的 SeO_4^{2-} 在强氧化条件下含量可达到 22%，植物吸收土壤中的 SeO_4^{2-} 强度很大；而在强还原条件下，土壤中的元素态硒化学性质最稳定，以主稳定的金属硒化物等形态存在，占比达到 50% 以上，同时导致硒的迁移能力变弱、植物很难吸收、硒的有效性明显降低。李娟等研究黔中地区水稻土硒含量时还发现，在高度还原条件下，厌氧微生物通过氧化还原反应可将 SeO_4^{2-} 还原为零价及负二价，不易被植物吸收从而降低土壤硒的有效性。

3.3.4 土壤有机质（OM）

土壤有机质（OM）含量是影响硒有效性的重要因素之一，OM 的形成是伴随硒元素在土壤中的富集过程，其可以通过改变土壤成分与微生物的活性影响土壤硒的有效性。一般来说，OM 含量增加会溶解和释放某些被固定的硒，促进硒在土壤中的循环，提高硒的有效性。但同时随着 OM 含量的增加也会使土壤胶体增加，会导致硒元素被附着在胶体表面的阴离子吸附固定，从而影响硒在土壤中的流动，所以 OM 对硒的有效性影响具有两面性。由于 OM 对土壤硒的有效性存在两种作用，所以有学者希望进一步探讨占主导作用的机制，这也是 OM 影响硒有效性的关键因素。

宋明义等在一定范围内 OM 含量与有效硒含量之间的关系研究中发现，

二者表现为线性相关关系，由此可以认为一定范围内 OM 对有效硒的吸附作用显著。然而并非 OM 含量越多越好，超过一定量时，OM 含量增加反而会减小硒的有效性。此外，当 OM 成分中的富啡酸比例升高时，有效性硒含量就高；当胡敏酸比例升高时，有效性硒含量则降低，说明 OM 的组分也影响着土壤硒的有效性。还有学者从研究中发现，土壤硒有效性和 OM、pH 值的共同作用有关，高 pH 值、低 OM 含量和低 pH 值、高 OM 含量均能提高土壤硒有效性。

3.3.5 其他离子

土壤硒的有效性会受到土壤内不同离子的协同作用，在土壤内存在多种类型的离子，某些离子会与硒竞争植物吸收离子的结合位点，进而影响植物对硒的吸收，其中磷元素和硫元素对硒的生物有效性影响最明显。

硫元素跟硒元素具有相似的化学结构，作物吸收 SO_4^{2-}、SeO_4^{2-} 过程中采用的转运子是相同的，施入土壤后 SO_4^{2-} 会与 SeO_4^{2-} 存在一定的竞争关系，导致植物对硒的吸收率下降，因此，硫、硒拮抗作用会影响植物对土壤中有效硒的吸收效率。

有学者在硒与硫的影响研究中发现，在酸性土壤中施加一定量的磷肥可明显提高土壤硒的有效性，猜测是因为在酸性土壤中 SeO_3^{2-} 的比例很高，部分结合在土壤胶体表面，而 PO_4^{3-} 与 SeO_3^{2-} 在土壤胶体表面存在相互的竞争关系，PO_4^{3-} 在土壤中易被土壤胶体上的阳离子吸附在其表面，从而减少了土壤胶体表面的吸附位点，促进了 SeO_3^{2-} 的释放及在土壤中的流动性，提高了植物对 SeO_3^{2-} 的吸收效率。因此，在磷含量高的土壤中，土壤硒的有效性，尤其是 SeO_3^{2-} 的有效性更高。

土壤硒在被植物吸收转化时，也与部分重金属元素存在一定的相互影响，重金属可能改变作物对硒的代谢及积累过程，进而影响作物硒的有效性。有研究表明，土壤有效硒处于较高浓度时易促进作物吸收砷、镉等重金属，表现为硒与砷、镉之间的协同或伴生关系。Fargaová 等的研究表明，加硒能够显著降低铜、锌和铅在芥菜（*Sinapis alba*）地上部分的积累，因此，也说明硒与某些金属元素存在竞争关系，土壤硒含量提高，也可显著减少植物对某些重金属的吸收积累。

3.3.6 外源调控技术

通过外源调控技术可以改变土壤有效硒的含量，如向土壤中添加外源硒及调理剂等方式都能提高土壤中硒的有效性。例如，张木等对水稻增硒研究发现，向稻田中添加外源硒会显著提高土壤有效硒的含量，当添加的外源硒含量为 5.0 mg/kg 时效率最强，对水稻各器官中硒含量的提高有促进作用，其中对水稻籽粒和叶片中硒含量的提高最明显。

添加不同类型的调理剂也能提高土壤硒的有效性，赵妍等对茶园土壤添加一定比例的生物肥料与粉煤灰混合改良剂，实验发现土壤有效硒含量明显提高（35.65 μg/kg），茶叶中硒的含量也同样获得提高（0.24 mg/kg），表明改良措施产生了很好的效果。还有学者实验发现，通过施加磷肥和叶面喷施氨基酸等调控措施，能够使固定在土壤胶体上的硒元素更多地释放出来，从而提高土壤有效硒的含量。

这些措施表明，通过外源调控技术可以改进土壤有效硒含量、促进植物吸收，为缺硒地区土壤硒含量改良提供可借鉴的思路。

3.4 小结

土壤硒的全球异质性分布（过剩 / 缺乏）是造成各种硒引起的病害和环境问题的主要原因。硒在土壤中的含量普遍较低但分布广泛，根据土壤中硒的含量可以将土壤划分为缺硒土壤、低硒土壤、足硒土壤、富硒土壤和硒过量土壤。硒在土壤中以多种化合物的形式存在，而不同的硒形态决定了土壤硒的有效性，也决定了硒在土壤中的吸收转化效率。土壤硒的存在形式和分布特征受多种因素的共同影响，易发生变化，人类活动会加剧其变化速度。

　　对于缺硒地区土壤，可采用硒生物强化技术进行改良，而在实施硒生物强化措施之前，需要对土壤中硒的有效性影响因素进行综合分析。同时需将土壤硒的有效性变化视为动态过程，在大尺度范围内将硒、作物、土壤作为一个完整的系统进行综合研究，探讨其在作物体内的迁移转化规律及有效硒在土壤—作物系统内的迁移机制等。

第四章 硒与植物

　　硒通常以无机态的 SeO_3^{2-} 和 SeO_4^{2-} 形式存在于土壤与矿物当中，植物从土壤或矿物中吸收无机的硒盐，合成有机的硒化合物，如硒蛋氨酸、SeCys 等。动物和人类在摄取含硒的植物类食物后，这些含硒氨基酸就会进入机体，参与机体的新陈代谢和各种生命活动。所以说绿色植物对于自然界硒的转化起着重要作用，因此，有人把绿色植物比喻成"天然有机硒化合物的生化合成工厂"。

　　那么，绿色植物是通过哪些途径对自然界的硒元素进行吸收、转化、代谢的呢？硒元素如何对植物生理功能产生作用的？富硒类植物产品有哪些？本章可以帮助读者了解相关知识，为植物硒资源的利用提供理论依据。

4.1 硒的吸收

　　硒在自然界的存在形态包括 SeO_4^{2-}、SeO_3^{2-}、硒化物（Se^{2-}）、单质（Se^0），以及硒代氨基酸及其衍生物。植物从土壤中可利用硒的主要形式是无机态，即 SeO_4^{2-} 和 SeO_3^{2-}。前者是含氧土壤中主要水溶性形式的硒，存在于碱性、呈氧化的土壤中，包括大多数栽培土壤，而 SeO_3^{2-} 在厌氧土壤中占主导地位，主要存在于偏酸性土壤中，如稻田土壤。硒化物分布在高还原性土壤环境中。SeO_4^{2-} 是土壤环境中最常见的生物有效硒，它比 SeO_3^{2-} 更易溶于水。

　　植物的根能吸收 SeO_4^{2-}、SeO_3^{2-} 或者有机化合物，但是不能吸收胶体元素硒或者金属化合物。硒在植物根部被吸收，通过硫酸盐转运蛋白（High-affinity sulphate transporters，HASTs）*SULTR1;1* 和 *SULTR1;2* 进入植物体，并快速被转化为有机硒，然后被运送至木质部。从植物根部到地上部分（包括茎、叶、花器官）吸收硒元素的效率来看，植物对 SeO_4^{2-} 的吸收比 SeO_3^{2-} 要快；但两者的转化效率却相反，SeO_4^{2-} 需要经过向 SeO_3^{2-} 转化的步骤，才能进一步被植物体吸收利用；而 SeO_3^{2-} 则可以直接在根中实现有机硒的转化，转化效率达到 90%。王晓芳研究发现，植物吸收 SeO_4^{2-} 为主动运输过程，并且需要能量消耗。而 SeO_3^{2-} 则为被动吸收过程，能量消耗较少。在植物中，硒的吸收主要取决于土壤中硒的形态及其浓度，并与植物的种类，以及受膜转运蛋白活性的影响有关。

外源硒的价态对植物中硒的吸收分布具有一定的影响。有研究显示豆科植物中，若外源是 SeO_4^{2-}，硒主要存在于地上部分中；若外源是 SeO_3^{2-}，硒主要存在于地下部分中。

4.1.1　植物根系对硒的吸收

（1）植物根系对硒酸盐的吸收

在碱性土壤条件下，SeO_4^{2-} 往往是植物吸收有效硒的主要形式。White 等认为，硒和硫化学结构和化学性质相似，许多含硒和含硫的化合物在生物细胞内不易区分，植物根系对 SeO_4^{2-} 的吸收可通过 SO_4^{2-} 转运体进行，在不同的 SeO_4^{2-} 和 SO_4^{2-} 共给条件下，SeO_4^{2-} 和 SO_4^{2-} 通过多种硫转运途径进入植物体内。迄今鉴定的硫转运体基因至少有 14 个，按进化关系可以分成 5 组。这些编码 SO_4^{2-} 转运蛋白的基因也出现在其他被子植物中，尤其是超聚硒植物中。

但不同亲和性的 SO_4^{2-} 转运蛋白对 SeO_4^{2-} 的选择吸收能力不同。Shinmachi 等研究认为，当 SO_4^{2-} 浓度较高时，SO_4^{2-} 转运蛋白对 SeO_4^{2-} 吸收能力较强，且诱导表达的 SO_4^{2-} 转运蛋白相较于组成型 SO_4^{2-} 转运蛋白具有更强的 SeO_4^{2-} 选择吸收能力。在拟南芥中，SO_4^{2-} 转运蛋白 *AtSULTR1;1* 基因在硫充分时对硒的转运贡献不大，但当植物生长硫不足时表达量升高，对硒的聚集能力也会显著升高。当土壤中缺硫或者组织中硒含量升高时，非聚硒和硒指示植物中 *SULTR1;1* 和 *SULTR1;2* 的表达量通常会升高。在硒指示植物中，编码 SO_4^{2-} 转运蛋白的基因尤其是 *SULTR1;1* 基因的大量表达，提高了植株对硒和硫的吸收能力，使得在缺硫条件下植株组织中硒浓度升高。拟南芥 *SULTR1;2* 缺失突变体，虽然其他的 SO_4^{2-} 转运蛋白没有缺失，但其根系对 SeO_4^{2-} 耐受能力远低于野生型。这些基因在超聚硒植物的根部组织有组成型高表达，这也许就是其能够大量吸收硒的原因。

研究发现，在超聚硒植物枝叶中 Se/S 比例明显高于其他植物，某些超聚硒植物，如沙漠王羽（*Stanleya pinnata*）在外源硫浓度提高 10 倍时对其体内聚集硒的能力并没有显著影响，这说明超聚硒植物根细胞膜上的 SO_4^{2-} 转运蛋白对 SeO_4^{2-}/SO_4^{2-} 的选择性跟非聚硒植物相比存在差异，或者在超聚硒植物根细胞膜存在对硒转运更专一的 SO_4^{2-} 转运蛋白。Schiavon 等对高聚硒植物沙漠王羽的最新研究表明，在高聚硒植物进化过程中可能还保留特异性 SeO_4^{2-} 的转运体。

可见，植物根系对 SeO_4^{2-} 的吸收与 SO_4^{2-} 的吸收高度相关，但对于根系吸收 SeO_4^{2-} 和转运载体的认识争议很大，在高聚硒植物和低聚硒植物中可能存在不同的 SeO_4^{2-} 吸收过程，这需要进一步研究证实。Inostroza 等通过对聚硒植物和非聚硒植物 SO_4^{2-} 转运蛋白的序列进行比对后发现，聚硒植物双钩黄芪（*Astragalus bisulcatus*）SO_4^{2-} 转运蛋白跨膜区 2-a 螺旋的第二位甘氨酸被丙氨酸所取代，而该位点被认为是 SO_4^{2-} 转运蛋白最为保守的区域，保守位点的突变可能导致 SO_4^{2-} 转运蛋白对 SO_4^{2-}/SeO_4^{2-} 选择专一性的改变。

（2）植物根系对亚硒酸盐的吸收

在土壤 pH 值偏低（偏酸）及还原性较强时，植物对 SeO_3^{2-} 的吸收也普遍存在。目前，对 SeO_3^{2-} 吸收机制的研究远没有对硒酸盐吸收机制研究那样深入，没有形成统一的共识，还有待从分子生物学等角度继续探索。例如，Arvy 研究表明，呼吸抑制剂对 SeO_3^{2-} 的吸收具有一定的抑制作用，这种抑制作用只有 25% 左右，说明 SeO_3^{2-} 可能是通过被动扩散进入植物根系的。而 Li 等最新研究发现，植物对 SeO_3^{2-} 的吸收机制和磷酸盐（PO_4^{3-}）十分相似，可能是由磷的转运子调控的。Zhang 等研究说明，水稻根系的 PO_4^{3-} 转运子在 SeO_3^{2-} 的主动吸收过程中起重要作用，转运子的过量表达或缺失都能显著增加或减少水稻对 SeO_3^{2-} 的吸收。

此外，有研究表明，SeO_3^{2-} 与 SeO_4^{2-} 不同的是，它的摄取是由磷酸盐转运蛋白（PT）介导的。例如，水稻在水稻籽粒吸收 SeO_3^{2-} 和积累受到 PT 影响时，PT 的过表达会增加水稻对 SeO_3^{2-} 的吸收。

4.1.2 植物叶片对硒的吸收

不同于根系对硒的吸收，叶片本身不是进化用来吸收养分的营养器官，其并没有进化出相应吸收硒元素的特异性结构。相反，为了保护脆弱的叶片组织，还进化出诸如蜡质层和角质层等保护结构，这在一定程度上阻碍了植物叶肉细胞对硒元素的吸收。

叶片对硒元素的吸收过程：首先突破叶片保护组织进入植物体内；然后与叶肉细胞接触通过相应吸收途径进入叶肉细胞。研究表明，叶面上的养分首先以扩散方式进入叶肉细胞被吸收利用。一般认为，表皮细胞壁对养分进入细胞内部的阻碍作用不大，养分透过表皮细胞壁经跨膜运输进入细胞质，其运输机制与根部细胞相似。但这不代表叶肉细胞与根毛细胞吸收不同硒源的通道与运输方式完全相同，也没有足够的证据显示相同硒源通过二者的途径完全相同。

除了硒源可以直接接触到叶肉细胞并被吸收这种情况外，叶片细胞的外质连丝也是极特殊的存在。早期的研究认为，营养物质主要通过气孔进入叶片内部，后来人们发现气孔直径过小，喷施液易在气孔表面形成水膜，导致营养物质很难进入叶片内部。研究表明，角质层有微细裂缝，也就是存在于一些植物叶片表皮细胞外侧壁上的外质连丝，由质膜表面外凸，穿越壁上纤维孔道向外延伸而成，它与质外体空间相接，是一种不含原生质的纤维孔隙，能够使细胞原生质与外界直接联系，像根系表面一样，通过主动吸收将喷施到叶片表面的有机养分吸收到植物体内，为植物生长发育所用。

植物叶可以直接吸收有机硒（如外源喷施叶面有机硒肥）。由此可以推测植物利用有机硒比无机硒更加迅速和高效。这可能是由植物有机硒的吸收过程主要发在韧皮部、有机硒传输速度比无机硒更快造成的。现已明确植物中负责催化吸收和转移半胱氨酸和甲硫氨酸的转运蛋白负责转运 SeCys 和 SeMet，且实验发现小麦和油菜中 SeMet 比 SeCys 能被更有效地运输到植株中。

4.1.3 影响植物硒吸收的主要因素

（1）影响植物根系吸收土壤硒的因素

土壤硒含量是决定植物根系吸收硒元素量的根本性因素，其他一些环境因素也会直接或间接影响土壤中硒的形态和束缚力，而不同形态的硒在土壤中的迁移率差异很大，会造成植物根系对硒元素的吸收速度与含量出现差异（图 4-1）。

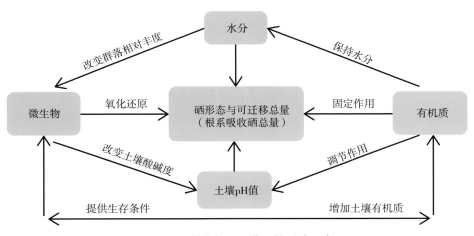

图 4-1　植物根系吸收硒的影响因素

①地理位置。不同的地理位置其土壤母质有明显区别，土壤母质是地质运动作用形成的，具有很强的地域性，而土壤母质是土壤硒含量的决定性因素。

②气候条件。气候因子中的降水和温度对硒元素迁移的影响非常明显。在湿热地区土壤中黏粒含量较高，对硒的吸附固定强，硒的淋洗损失相对较少。海洋气流形成的降水也是陆地环境、农业土壤和粮食作物中硒的重

要来源。

③土壤 pH 值。土壤中大部分无机硒很容易被土壤组分螯合，难以迁移，影响植物吸收。pH 值可控制硒与部分土壤金属离子（Fe、Al、Ca 和 Mg 等）复杂的理化过程直接影响硒的形态，还可通过黏土矿物吸附量、氧化还原电位、土壤微生物种类及活性等间接影响土壤硒形态。

④土壤 Eh。主要是通过影响硒价态转化来影响其有效性。在氧化环境下 Se（0 价和 –2 价）可立刻转化为亚硒酸化合物（+4 价），同样还原性环境下，Se^{6+} 可转化为 Se^{4+}，硒的不同价态都会影响植物对其的吸收效应。

⑤土壤水分含量。不同水分含量在一定程度上间接影响植物对硒的吸收。在旱地土壤中，有效硒含量随土壤水分含量的增加而增加。大水漫灌和淹水状态的土壤处于还原态，硒形态主要为元素硒和硒化物。湿润灌溉下，SeO_4^{2-} 及 SeO_3^{2-} 是土壤中主要的硒形态。

⑥土壤 OM。土壤 OM 是控制硒在土壤中迁移转化的重要因素之一，腐殖质与土壤硒的可迁移率密切相关。主要原因：其一，腐殖质可通过吸附和络合作用与硒形成稳定的络合物；其二，腐殖质可通过向微生物提供碳源促进土壤中硒的氧化还原；其三，无机硒也很容易与重金属离子形成无法被吸收利用的络合物。

⑦微生物作用。微生物对土壤硒迁移率的影响比较复杂，这是由土壤微生物系统本身的复杂性决定的。概括为：一是土壤微生物通过改变土壤物理化学性质，改变土壤中硒的迁移率；二是微生物直接或者间接参与土壤硒不同价态之间的氧化还原反应；三是微生物群落通过分解作用可增加土壤 OM 含量。

（2）影响植物叶片吸收外源硒的因素

叶面喷施外源硒效果依赖于外源硒是否可以顺利及时进入叶肉细胞，外源硒透过叶片角质层的速率及量受养分离子性质、硒源分子大小、叶片类型、作物生育时期、环境条件、助剂等诸多因素的影响（图 4-2）。

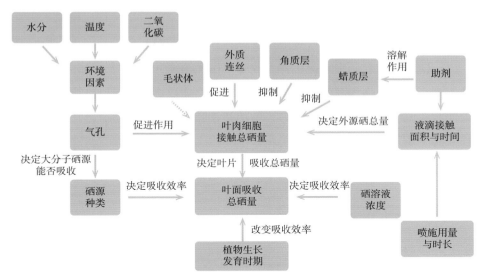

图 4-2　植物叶片吸收硒的影响因素

①硒源分子大小与浓度。叶面吸收允许通过的分子普遍较小，离子小孔通道的直径一般为 0.45～0.46 nm，大分子有机硒与纳米硒粒子均无法通过，只有无机态硒才能通过离子通道进入叶片。在一定适宜浓度范围内，随着外界浓度的升高，叶片对硒的吸收速率增加。

②叶片类型、结构及倾角。由于硒进入叶肉细胞主要通过离子通道和角质层，一般叶片宽大、蜡质层与角质层薄的植物叶片对硒的吸收效果较好。叶片倾角也会影响叶片的最大持水量，进而影响叶片可承载的硒元素总量，间接影响植物对硒元素的吸收。

③气孔。作为叶片吸收硒的最主要途径之一和叶片上唯一可以吸收固体颗粒的通道，气孔的开放程度极大地影响着富硒效率，特别是对纳米硒肥料。

④植物生长发育时期。植物营养状况好、发育健壮更有利于叶片对硒的吸收。作物在旺盛生长期，生长量大，叶片对硒的吸收量也大，这一时期对作物补充硒元素效果较好。

⑤外界环境因素。硒液在叶片表面的浸润时间影响叶片对硒的吸收效果。温度、风速等环境因素都影响着叶面喷施硒的效果。喷施时温度过高，

喷施于叶面的液滴蒸发快，叶片浸润时间不足，富硒效果欠佳。风速不但影响喷施液滴的降落方向，还可能将喷到叶片上的液滴吹落。

⑥助剂。助剂泛指一类化学工业中可用于植物叶面施肥生产过程中的辅助药剂，其作用体现在能够辅助养分进入植物体。例如，在叶面硒肥中加入表面活性剂可降低液滴表面张力，增加其在叶面上的附着性，进而延长叶片被浸润时间，促进养分的叶面吸收。

4.2 硒的积累与转移

4.2.1 植物对硒的积累

一般而言，植物幼苗期硒的含量比老叶的含量要高。在植物细胞体内，硒常常在液泡中积聚较多，并且能通过液泡上对应的转运蛋白流出。然而常见植物大多都没有富硒能力，它们的硒含量非常低，干重不到 100 mg/kg。人工施加硒肥可以提高植物硒的含量，但不同的植物对硒的富集能力和耐受性不同。

人们根据硒在植物细胞内的积累程度将植物分成 3 种类型（图 4-3）。

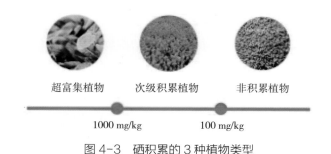

超富集植物　　次级积累植物　　非积累植物

1000 mg/kg　　100 mg/kg

图 4-3　硒积累的 3 种植物类型

①超富集植物。能在自身细胞中积累大量的硒，干重超过 1000 mg/kg，并且能在硒富地区生长。因为它们体内的硒可以转化成 SeCys 和 SeMet 两种甲基化形式，而且能形成具有发挥形式的二甲基二硒化物（DMDSe），因此表现出超强的耐硒能力。现已经发现碎米荠（*Cardamine hirsuta L.*）、黄芪

属（Astragalus species）等都属于超富硒植物。

②次级积累植物。指累积硒干重可达 100～1000 mg/kg、对细胞不产生毒性的植物，如某些十字花科植物油菜（*Brassica napus L.*）等。

③非积累植物。通常体内硒的浓度干重小于 100 mg/kg。它们在高浓度硒的地区无法生存，如禾本科的稻谷类。

4.2.2　植物对硒的转移

植物根部从土壤中吸收硒的形态不同，其在植物中的转运速率及富集状况不同。SeO_4^{2-} 被吸收后，植物通过一些较低亲和力的硫转运蛋白对其进行迁移与转运。SULTR 4;1 和 SULTR 4;2 转运蛋白有助于 Se 在根、茎之间的转移；SULTR 2;1 和 SULTR 2;2 转运蛋白分布于维管束系统及根、叶等器官中辅助运输；SULTR 3;1 转运蛋白则主要存在于叶绿体中负责 SeO_4^{2-} 跨膜运输至叶绿体中（图 4-4）。

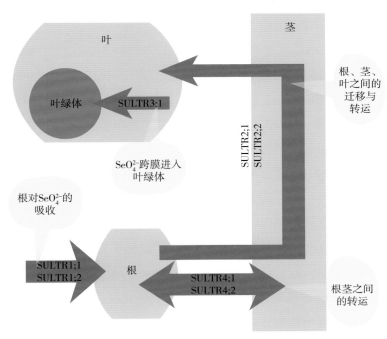

图 4-4　植物对硒的转运

植物根部吸收的 SeO_3^{2-} 大部分直接同化成有机硒化合物，因此，在木质部很少能检测到；而吸收的 SeO_4^{2-} 则很快通过木质部转运到植物地上部分。拟南芥中与 SeO_4^{2-} 在木质部长距离运输有关的基因是硫酸盐转运蛋白同源基因 *AtSULTR2;1*、*AtSULTR2;2* 和 *AtSULTR3;5*。植物地上部分的硒主要通过韧皮部进行重新分配，在不同组织进行积累。例如，富硒大米中，有机硒通过韧皮部能迅速转运到大米胚及胚乳中；无机硒则主要滞留在维管束末端无法进入大米籽粒中，通过进一步的亚细胞结构定位，发现大米籽粒中有机硒主要分布在糊粉层，少量分布在胚乳中，且硒的浓度由外部向中心逐渐降低。

4.2.3 硒的转运蛋白

目前，硒在植物中的转运主要通过转运蛋白来实现。其中，SeO_4^{2-}、SeO_3^{2-}、有机硒的转运，它们都有各自独立的转运蛋白。最近有研究表明有机硒也有相应的转运蛋白直接将其运输到植物的地上部分。

（1）硒酸盐的转运蛋白

植物对 SeO_4^{2-} 的吸收是借助质膜上的硫转运蛋白来完成的。Kassis 等发现硫转运蛋白 SULTR1;2 同时对 SO_4^{2-} 和 SeO_4^{2-} 都能进行转运。进一步试验证明了硫转运蛋白 SULTR1;2 是植物硫酸盐转运蛋白中唯一一个能够转运 SeO_4^{2-} 的转运蛋白。过表达 SULTR1;2 能显著促进植物体内 SeO_4^{2-} 的积累。有研究发现硫的缺失可以提高硒的吸收，这表明 SO_4^{2-} 与 SeO_4^{2-} 的转运存在一定的竞争性。目前，已经从许多植物中分离鉴定该基因，如茶树 *CsSul 3.5* 基因的分离鉴定。

（2）亚硒酸盐转运蛋白

植物对 SeO_3^{2-} 的代谢吸收是通过 SeO_3^{2-} 转运体来实现的。起初，人们发现硫转运蛋白不能转运 SeO_3^{2-}。这说明植物对 SeO_4^{2-} 和 SeO_3^{2-} 的吸收方式不同。随后有研究报道植物对 SeO_3^{2-} 的吸收会受呼吸抑制剂和低温等外界胁迫的抑制。因此，有人提出植物对 SeO_3^{2-} 的吸收可能是被动过程，然而该结论被后来的研究新发现否认。有研究发现，在小麦中发现了 SeO_3^{2-} 的吸收分子机制，缺磷情况下可以促进 SeO_3^{2-} 吸收，而且证明它是一个 PO_4^{3-} 转运体介导的主动运输。以上发现表明植物中的 PO_4^{3-} 是参与 SeO_3^{2-} 运输的蛋白。

此外，一氧化氮（NO）气体可以促进水稻幼苗根系对 SeO_3^{2-} 的吸收，这主要是通过 NO 促进磷酸转运子 OsPT2 和硫酸盐转运蛋白表达来发挥功能的。但是，在水稻研究中发现 OsPT2 转运蛋白确实能提高根对亚硒酸的吸收速率，但吸收的亚硒酸却很难进一步向地上部分的芽体转移，这极大地限制了谷类作物籽粒中 Se 含量的增加。

4.2.4　有机硒转运蛋白

与无机硒相比，有关植物对有机硒吸收机制的研究较少。一些研究表明，植物对 SeCys 和硒蛋氨酸的吸收能力高于无机硒。这些有机硒的吸收是通过氨基酸通透酶来实现的，氨基酸通透酶是一种质膜定位的转运蛋白，在吸收转运半胱氨酸（Cys）和蛋氨酸（Met）的同时也能够吸收转运 SeCys 和 SeMet。

有研究表明，植物根部吸收的大部分 SeO_3^{2-} 转化为有机硒。其中，有机硒主要以 SeMet 为代表。因此，如果提高根—芽 SeMet 转运的效率，那么就可以增加谷粒中硒的含量。但是，关于 SeMet 在植物中运输的机制仍不清楚。

最近的研究表明，NRT1.1B 作为硝酸盐转运蛋白，也具有转运 SeMet 的能力。在水稻中的超表达可以提高硒蛋氨酸从根到茎和叶的转运能力，增加籽粒中硒的含量。通过研究水稻的 OsPT2 和 NRT1.1B 转运蛋白基因，人们弄清楚了水稻中硒的吸收与转运过程，即水稻对亚硒酸的吸收主要通过 PT 来实现，SeO_3^{2-} 可以在根部转化成 SeMet，进一步通过 NRT1.1B 转运蛋白运输到植物地上组织。此项研究回答了长期以来 SeO_3^{2-} 吸收后不容易从植物地下根部转运到地上组织的问题。这也为培育富硒水稻在成熟期施加 SeO_3^{2-} 可以提高谷粒中硒的含量提供了理论依据。

4.3 硒的代谢

在植物中，硒和硫可以通过根细胞膜上的硫酸盐转运蛋白（ST）转运到植物体中，进行吸收和代谢。硒进入植物体内，转运到叶绿体中通过硫同化转化成有机硒形态。同时，根中 SO_4^{2-} 吸收的硒可以进一步甲基化成二甲基硒醚（DMSe），释放到空气中（图 4-5）。

具体来看，硒的同化作用第一阶段是完成 SeO_4^{2-} 到 SeO_3^{2-} 的转变。该过程主要需要在 ATP 硫酸化酶（APS）和 APS 还原酶（APR）辅助下完成。首先，SeO_3^{2-} 的形式是通过 APS 先催化 ATP 水解形成磷酸腺苷，然后在 APS 还原酶的催化下完成；其次，在亚硫酸盐还原酶催化下，SeO_4^{2-} 转变成硒化物；最后，还原态的硒化物在半胱氨酸合酶（OAS）偶联作用下进一步形成 SeCys。SeCys 一部分在 SeCys 裂解酶（SL）帮助下，形成单质硒；另一部分经过硒代半胱氨酸甲基转移酶（SMT）的甲基修饰，形成在 Me-SeCys，此外，也可以在一系列酶的催化下转化形成 SeMet。由于 SeCys 或 SeMet 会错误掺入蛋白质结构中，导致对植物细胞细胞结构和功能的破坏，引起对植物的毒害。因此，甲基化修饰的硒代氨基酸可以进一步形成具有挥发性的二甲基硒醚（DMSe）或二甲基二硒醚（DMDSe）等非毒性物质，释放到植物体外。

对于大部分植物来说，将存在于体内的 SeCys 和 SeMet 转化成为无毒或挥发性硒代谢产物，可以提高植物对硒的耐受性。通过模式植物研究推测，SMT 催化 SeCys 的甲基转移生成硒甲基硒代半胱氨酸（SeMeSeCys）、S- 腺苷 - 甲硫氨酸：甲硫氨酸甲基转移酶（MMT）催化 SeMet 生成硒甲基硒代甲硫氨酸（SeMeSeMet）。其中，*SMT* 基因的表达及活性与植物聚硒能力直接相关：在低耐硒的拟南芥中，不存在 *SMT* 编码基因，在基因组中只有单个拷贝的 MMT 编码基因；在富硒西蓝花中，*SMT* 基因表达量与外源施加 SeO_4^{2-} 浓度和组织内 SeMeSeCys 积累量存在直接相关性，超聚硒的黄耆属植物及沙漠王羽的聚硒能力直接与 *SMT* 活性呈正相关。在超聚硒植物中，SeMeSeCys 是主要的硒存在形式。此外，葱属植物（香葱、大蒜、韭菜、洋葱）

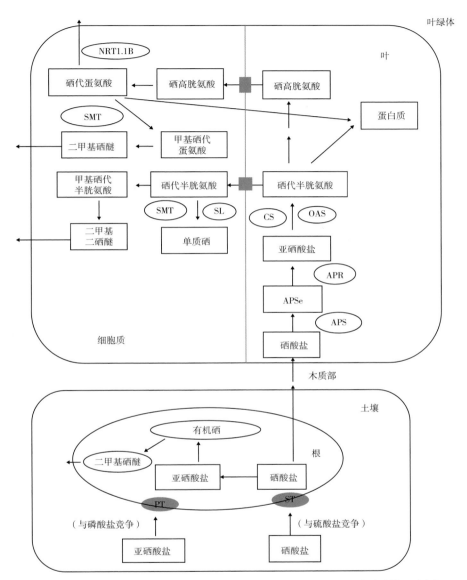

注：PT（Phosphate Transporter, 磷酸转运蛋白）；ST（Sulfate Transporter, 硫酸盐转运蛋白）；APS（ATP Sulfurylase, ATP 硫化酶）；APR（Adenylate Reductase, 腺苷酸还原酶）；SMT（Selenocysteine Methylt Ransferase, 硒代半胱氨酸甲基转移酶）；SL（Selenocysteinelyase, 硒代半胱氨酸裂解酶）；CS（Cysteine Synthetase, 半胱氨酸合成酶）；OAS［O–acetylserine（thiol）lyase, 乙酰丝氨酸硫醇裂解酶］；NRT1.1B（Nitrate–transporter gene, 硝酸盐转运蛋白）。

图 4-5　植物细胞体内硒的代谢途径示意

和芸薹属植物（西蓝花、球甘蓝、卷心菜、花椰菜、大白菜、羽衣甘蓝）等食叶蔬菜外施 SeO_4^{2-} 或 SeO_3^{2-} 后在叶片中可以大量富硒；富硒马铃薯块茎、富硒大豆种子等均富集大量硒代氨基酸。SeCys 也可以通过叶绿体膜上的硒代半胱氨酸裂解酶（cpNifs）转化成丙氨酸和硒元素。

虽然在植物叶片中很少能检测到硒元素，但是在超聚硒植物的茎、节结和根的内生细菌和真菌中含量比较高。在植物基因组中也存在与维持组织中硒平衡相关的硒结合蛋白（SBPs）编码基因。在拟南芥基因组中存在 3 个编码 SBPs 基因；若将 AtSBP1 基因转化到其他植物中使其大量表达，可以提高植物对 Se 缺乏的耐受性。SeMeSeCys 和 SeMeSeMet 可以与谷氨酸反应转化成 γ–谷氨酰–硒甲基硒代半胱氨酸（γ–Glu–SeMeSeCys）或 γ–谷氨酰–硒甲基硒代甲硫氨酸（γ–Glu–SeMeSeMet），或者转化为可挥发的 DMSe 或 DMDSe。

4.4 硒在植物体的功能

4.4.1 硒对植物的促进作用

大量研究发现一定浓度的硒元素可以显著改善多种植物在各种胁迫条件下的生长和发育，有利于增强植物新陈代谢，促进植物生长发育，提高产量，并能通过调节抗氧化系统中必需元素的摄取和再分配或维持细胞的离子平衡和结构完整性，来影响植物面对胁迫时活性氧和抗氧化剂的调节、重金属的摄取和易位的抑制。在一些植物体内一定浓度的硒可以影响植物的氨基酸代谢、叶绿体的发育及合成，并在促进生物体蛋白质形成、提高植物环境胁迫性、调控植物生理指标、拮抗重金属等方面也发挥着重要作用。

（1）硒促进植物生长发育

适量的硒对植物生长发育及生理功能有很大作用，刘婷等研究证明，根部施用和叶面喷施不同浓度的硒均可提高碎米荠（Cardamine hirsuta）叶片硒含量，增加分枝数，促进植株生长。位晶等报道指出硒能够增加玉米

（*Zea mays* L.）根系干重，同时使氮、磷、钾含量增加，这说明硒促进了植株根系发育，使其吸收养分的能力增强。硒还可以提高植物的品质，在烤烟（*Nicotiana tabacum*）叶片表面喷施适量的硒可提高烟叶中还原糖、蛋白质及烟碱含量，从而提高烟叶品质。韩丹等认为土壤施硒能够促进烤烟吸收氮、磷和钾等矿质元素，进而促进烟草生长发育。

（2）抗氧化作用

硒的抗氧化作用主要通过提高 GPx 活性来实现，能降低过氧化物的堆积，减少活性氧和自由基的产生，防止机体被氧化损伤。硒参与构成磷脂氢过氧化物谷胱甘肽过氧化物酶（PHG-Px），而 PHG-Px 主要催化亲脂性过氧化物还原，使处于水—脂界面的脂质过氧化物被清除，起到保护生物膜的作用。此外，硒参与构成硫氧还蛋白还原酶（TR）、脱碘酶（ID）等酶的活性中心，促进酶活性，起到清除氧自由基的作用；硒还参与辅酶 A 和辅酶 Q 的合成，在电子传递中发挥重要作用。

（3）调控光合作用、呼吸作用和叶绿素合成代谢

在一定硒含量范围内（0.1 mg/L 以下），植物体内线粒体呼吸速率和叶绿体电子传递速率均与硒含量存在显著相关。植物体内的硫氧还蛋白和铁硫蛋白在光合作用电子传递及叶绿体中酶的激活方面发挥重要作用，由于硒和硫属于同族元素，其化学性质非常相似，因此，推测植物体内是否也存在类似于硫氧还蛋白和铁硫蛋白的硒蛋白结构，从而在光合作用和呼吸作用的电子传递中发挥重要作用。在茶树、油菜、小麦和毛豆等作物上的试验结果表明，喷施一定量的硒肥后，能够促进和调控植物体内叶绿素的合成代谢。

（4）促进蛋白质形成

一般认为，硒是通过两种方式促进蛋白质的合成代谢。一是无机硒进入植物体内后，可部分取代巯基（-SH）中的硫，以 3 种硒代含硫氨基酸（即 Se-Met、Se-Cys 和 Cy-Se）的形式参与蛋白质合成，从而减少游离氨基酸中 Cys 和 Met 的含量。二是硒可能是植物体内一种 tRNA 核糖核酸链的必要组成部分，具有转运氨基酸的功能，对其他游离氨基酸产生影响。现已证实，植物体内确实存在这种具有 SeCys 残基的 tRNA，其主要生理功能是转运氨

基酸用于蛋白质合成。

（5）提高植物环境胁迫抗性

植物增加一定浓度的硒能通过增强植物的抗逆性来保护其生长发育。植物受干旱、病虫害、低温等逆境胁迫的主要表现是体内产生大量自由基，而硒能够增强植物的抗氧化作用，减少活性氧和自由基的产生，进而增强植物对环境胁迫的抗逆性。此外，硒通过起动与 GSH-Px 合成有关的特异基因表达而提高 GSH-Px 活性，抵抗逆境因子的影响。

（6）有效拮抗重金属毒性

硒能够拮抗植物重金属毒性的机制主要是通过与重金属结合成难溶复合物，使其不能被吸收而排出体外，进而抵御重金属对植物造成的危害。硒对汞的毒害效应具有拮抗作用，能够缓解汞对马齿苋叶片生根所产生的抑制作用；还能显著降低生菜、大蒜和小麦对镉的吸收，当培养液中的硒浓度小于 1.0×10^{-6} mol/L 时，具有拮抗水稻砷毒害的作用，且这种拮抗作用可能与硒的抗氧化作用及其能减轻砷对植物体内抗氧化酶的抑制作用有关。在大蒜上施用低浓度的硒，也可明显降低大蒜中的汞含量。

4.4.2 硒对植物的抑制作用

低浓度硒能促进植物生长发育，而高浓度硒对植物表现出毒害作用，这与植物对硒的耐受能力有关。不同植物对硒的耐受程度不尽相同，而对于同一种植物来说，其受硒促进或毒害是由硒的浓度决定的。硒产生毒害是植物细胞内积累过量硒，硒代替硫作为结构成分或是参与细胞内生化反应所致。

（1）硒对植物产生促进和毒害作用的浓度阈值

硒对植物的有益剂量和毒害剂量之间的范围极其狭窄，稍稍超过植物所需的剂量就会对植物造成毒害作用。在目前的研究中，硒对不同植物的毒害范围大多不同（表 4-1）。施入 0.500 mmol/L 的 Na_2SeO_3 后，玉米出现了毒害症状；水稻在 1.500 mmol/L 的 Na_2SeO_4 处理下受到毒害作用；用 100.000 μmol/L 的 Na_2SeO_3 处理则会对拟南芥产生毒害作用；在生菜的生长发育过程中，< 1.500 mg/L 的硒促进生菜生长，增加其产量；> 2.000 mg/L 的硒抑制生菜生长，降低其产量；> 20.000 μmol/L 的硒则会对生菜产生毒害作用；在 2.000 mg/L 和 4.000 mg/L 硒的处理下黄瓜植株的生物量显著增加，在 6.000 mg/L 硒的处理下根鲜质量明显降低，> 80.000 μmol/L 的硒则会对黄瓜产生毒害作用。目前，国内外有关硒对植物产生毒害的阈值研究与日俱增，这有助于硒元素的合理利用。

表 4-1　几种作物硒毒害的阈值

序号	作物种类	硒形态	硒毒害阈值
1	玉米 *Zeamays* L.	SeO_3^{2-}	0.500 mmol/L
2	水稻 *Oryza sativa* L.	SeO_4^{2-}	1.500 mmol/L
3	拟南芥 *Arabidopsis thaliana* L.	SeO_3^{2-}	100.000 μmol/L
4	生菜 *Lactuca sativa* L.	SeO_4^{2-}	20.000 μmol/L
5	黄瓜 *Cucumis sativus* L.	SeO_4^{2-}	80.000 μmol/L

（2）过量硒抑制植物生长

朱磊等的研究结果表明，高浓度 Na_2SeO_3 明显抑制了萝卜果实的生长。付冬冬等通过对小白菜施加不同价态的外源硒，证明高浓度硒显著降低了小白菜的根长、根粗、地上和地下生物量等。同样，高浓度硒对苜蓿、小麦和油菜的生长也具有抑制作用。

（3）过量硒抑制植物抗氧化作用

大量研究证明，高浓度的硒抑制了植物的抗氧化作用。一般情况下，植物吸收硒以 SeO_3^{2-} 和 SeO_4^{2-} 两种形式为主。植物可以将无机态的硒转化成有机态的 SeCys，但植物体内过量积累的 SeCys 会对植物造成氧化压力。高浓度硒条件下，SeCys 非特异性结合蛋白质，干扰蛋白质功能，进而对植物产生毒害作用。再者，高浓度硒破坏了植物细胞酶活性，影响整个保护酶系统，最终降低植物细胞对环境因子的适应能力。

（4）过量硒抑制植物光合作用

在外源硒影响烤烟生理特性的试验中，高浓度硒加重了干旱胁迫对烤烟的伤害。植物吸收过量硒后，光系统Ⅱ（PSⅡ）反应中心逐渐关闭，Fv/Fm（PSⅡ最大量子产率）和 Fv/Fo（潜在光合能力）降低，进而抑制光合电子的传递。另有研究表明，在高浓度硒处理下，植物叶绿素含量降低，这可能是硒与硫化学结构具有相似性，硒原子取代了合成叶绿素关键酶巯基键的硫原子，进而破坏了相关酶结构，抑制了叶绿素的合成。

（5）过量硒抑制植物渗透调节功能

高浓度硒降低了植物体中可溶性蛋白的合成，造成植物渗透调节失衡。王丹丹等的研究表明，经高浓度的 Na_2SeO_4 处理后，茶苗新梢中可溶性糖、可溶性蛋白和茶多酚含量均显著减少。这与蒋忠愉等在太阳花上的研究结果相一致，在太阳花根部施高浓度硒后，其叶绿素、可溶性糖和可溶性蛋白含量均表现为显著降低。

4.5 植物类富硒产品

科学证实，正是由于硒的高抗氧化作用，适量补充能起到防止器官老化与病变、延缓衰老、增强免疫、抵御疾病、抵抗有毒害重金属、减轻放化疗副反应、防癌抗癌等作用。人体中硒主要从日常饮食中获得，因此，食物中硒的含量直接影响了人们日常硒的摄入量。

大部分植物对硒的富集能力较弱。富硒的主粮是补硒非常好的途径。例如，富硒大米、小米、面食，从主粮摄入更容易促进人体吸收转换，长期吃对人体的健康有很大的改善，增加综合回收率和原料的利用率。

备受青睐的天然有机植物活性硒，如 100 μg 植物活性硒（富硒玉米粉），从富硒技术改良的土壤中吸收硒元素的纯粮食品，经过生长过程中的光合作用和体内生物转化作用，在体内以硒代氨基酸形态存在，人体吸收率达99%以上，既满足了人体硒元素需要，又解决了硒的吸收和代谢率偏低的难题。

近年来硒资源综合开发富硒植物蛋白系列产品、保健产品、富硒茶、富硒核桃、硒矿泉水、富硒螺旋藻等。Verónica 等利用高效液相—电感耦合等离子体质谱（HPLC–ICP–MS）对富硒小球藻体内外的硒代谢物和硒蛋白形态进行研究，结果证明添加富硒小球藻做饲料的小白鼠比单纯喂养基础饲料的小白鼠血清中的硒含量和硒蛋白含量均有升高，且生物利用率是对照组的 1.13 倍。这些结果证明富硒小球藻有较高的硒生物有效性，未来作为硒补充食品拥有广阔的前景。

部分作物中硒的主要存在形式和最佳含量及使用方法，如表 4-2 所示。

表 4-2 富硒植物

作物种类	硒的存在形式	适宜浓度	施用方法
富硒茶	亚硒酸钠	$0 \sim 100$ g/hm^2（100 μg/mL）	施入种植土壤
枣	亚硒酸钠	$0.05 \sim 0.25$ mg/kg	注射枣树干
黄瓜	亚硒酸钠水溶液	$50 \sim 75$ mg/kg	2～3 cm 幼瓜蘸水 3～5 s
大米	二氧化硒	2%～5% 二氧化硒水溶液	种子浸泡 2～3 天

注：含硒丰富的食物有富硒大米、富硒小麦、海鲜、蘑菇、鸡蛋、大蒜、银杏、莼菜、高山核桃、薇菜、蕨菜、芸豆、桑葚、魔芋、葛仙米、凤姜、茗合、山药等。

但在上述富硒产品中，种植地区硒含量不稳定，较难控制，影响了富硒产品的安全性。

4.6 小结

硒作为一种植物重要且必需的营养元素，对促进植物生长、提高品质、抗逆等方面都有影响。近年来，关于植物硒的吸收、转化、代谢等方面都有了一定的研究基础。随着植物分子遗传生物学的发展，有关植物硒代谢的关键酶基因、硒转运相关蛋白生物功能得到解析。但仍然还有不少问题值得思考和深入研究。

此外，硒是人类和动物必需的微量营养素。食取野生、天然硒含量高的自然生长的食品等是科学的补硒方法之一。因此，充分了解硒在植物中的抗氧化作用对人类研究通过从植物中获取硒元素起着至关重要的作用。

目前来看，硒与植物相关问题还值得研究和探索。①虽然人们对植物如何吸收 SeO_4^{2-} 和 SeO_3^{2-} 方面有了一定的认识基础。但关于 SeO_3^{2-} 如何进入叶绿体及有机硒如何转运积累的问题仍需要讨论。②富硒的调控机制。不同作物对硒的吸收能力不同，已经发现的高聚硒植物对硒吸收具有富集能力，那么除了完成向其他硒的转化，是否存在硒特异性转运蛋白。此外，鉴定高聚集硒调控基因将有助于营养强化和植物修复应用。③硒的生物学效应是否存在与其他营养元素如氮、磷、钾协同机制。④在现有硒分子调控知识下，转基因技术或基因编辑技术是否能提高非聚硒植物的有机硒在作物中的富集水平。如果对以上硒与植物的问题进行深入挖掘，相信可以为提升植物硒资源开发利用提供理论基础。

硒作为动物必需的微量元素，主要以 SeCys 的形式掺入硒蛋白，发挥生物学功能，如抗氧化、提高机体免疫力和参与甲状腺激素代谢等。硒循环中硒蛋白占 90% 以上，小分子硒代谢产物约占 5%，认为硒是通过硒蛋白及硒代谢产物共同发挥生理作用。在动物生产过程中，饲粮的改变、热应激和环境不适均会诱导自由基的产生，伴随着机体氧化和抗氧化系统的失调，导致脂质过氧化反应，损伤细胞膜及蛋白质和 DNA 等生物大分子，影响细胞正常形态和功能。已知大多数硒蛋白，如谷胱甘肽过氧化物酶（GPx）、硫氧还蛋白还原酶（TrxR）、硒蛋白 P（SeP）等都具有抗氧化功能，因而机体内硒蛋白水平下降，易造成细胞、组织氧化损伤和机体免疫功能受阻。在细胞氧化还原微环境中，硒蛋白通过清除机体 ROS 及增强 DNA 修复酶表达和活性，减弱 DNA、脂质和蛋白质等生物氧化损伤；在小肠黏膜免疫中，硒蛋白通过促进淋巴细胞增殖和提高免疫球蛋白与抗体的分泌，增强机体免疫应答能力；在核因子 - κB（NF-κB）诱导的肠道炎症通路中，GPx-2 通过调控炎症相关细胞因子的表达及抗氧化作用进而缓解炎性肠病，维持肠道正常形态结构和生理功能。因此，本章就动物对硒的吸收与代谢、硒及硒蛋白在动物中的生理功能及作用机制、动物类富硒产品和硒过量对动物的危害进行综述，以期为硒蛋白相关研究及在动物生产中的应用提供理论依据。

5.1 硒的吸收与代谢

5.1.1 硒的吸收与代谢机制

动物体内大部分硒是以硒代氨基酸的形式构成蛋白质，其余的硒代谢产物（如硒代磷酸盐、甲基硒等）共同存贮于机体内，并用以维持硒循环系统正常运行。机体摄入的无机硒如 SeO_4^{2-}、SeO_3^{2-}，与有机硒（硒代氨基酸）如 SeMet 均在十二指肠被吸收后部分转化为硒蛋白。SeO_3^{2-} 借助钠泵和氢离子交换机制，以简单扩散方式被吸收；而 SeMet、SeCys 遵循氨基酸主动吸收机制。有研究表明，动物对有机硒的吸收及生物利用效率更高。被机体吸收的硒经生物转化过程生成硒化物（HSe^-），随后与三磷腺苷（ATP）生成硒代磷酸（SePhp），最终参与合成硒蛋白。硒转运主要依赖肝脏合成并释放到外周血中的硒蛋白 P（SeP），进而在其他组织中合成其他硒蛋白。当机体摄入足量硒时，肝、肾、肌肉组织中的硒浓度均高于其他组织，HSe^- 逐步甲基化生成三甲基硒，随后转换为硒糖，随尿液排出；摄入不足时，肝和肌肉组织硒含量急剧减少，而肾组织可由肾小管重吸收硒糖化合物合成硒蛋白，维持相对较高的硒含量。

5.1.2 动物中的硒蛋白概述

动物中具有重要功能的硒蛋白主要有 25 种，如 GPx、Trx、TrxR 和 SeP 等。GPx 是一类具有过氧化物酶活性的酶类总称，分为 GPx-1、GPx-2、GPx-3 和 GPx-4 四种类型，能将机体内过量活性氧（ROS）、过氧化氢等过氧化物还原为羟基化合物，并催化还原型谷胱甘肽转化为氧化型谷胱甘肽，缓解组织氧化损伤，维持机体正常功能。硫氧还蛋白还原酶家族生物学功能主要集中在提高机体抗氧化活性、辅酶结合和增强免疫功能等方面。Trx、TrxR 和还原型辅酶Ⅱ（NADPH）组成 Trx/TrxR 系统，其和谷胱甘肽抗氧化系统相互作用，发挥抗氧化功能，维持体内细胞稳态。Trx 属多功能酸性蛋白，在动物体内主要有两种亚型，分别为细胞质与细胞核中调节 ROS 信号传导的 Trx1，以及线粒体中调节 ROS 活性的 Trx2，二者均可清除自由基，具有抗氧化胁迫作用，调节机体氧化还原平衡。TrxR 属吡啶核苷酸 / 二硫氧化还原酶，通过氧化还原反应，传递电子，消除过量过氧化物，是机体抵抗氧化应激效应的主要途径之一，主要包括两种同工酶 TrxR1 和 TrxR2。TrxR1 在细胞质和细胞核中调节氧化还原反应，TrxR2 在线粒体中可降低促炎因子转录，缓解氧化应激，减少线粒体凋亡。二者均可降低炎症反应，提高动物抗氧化能力。

5.1.3 硒蛋白合成

机体摄入的硒或体内硒化物代谢产生的 HSe⁻ 与 ATP 在硒代磷酸合成酶（SAS1 或 SPS2）催化下生成 SePhp。SeCys 特异性 tRNA（tRNA$^{[Ser]SeCys}$）与丝氨酸在丝氨酸 –tRNA 合成酶的作用下经酰胺化生成 Ser–tRNA$^{[Ser]SeCys}$。SePhp 和 Ser–tRNA$^{[Ser]SeCys}$ 在 SeCys 合成酶催化下，丝氨酸 R 基的羟基氧被 SePhp 中的 Se 取代，进而生成 SeCys–tRNA$^{[Ser]SeCys}$。随后，在特异性延长因子、结合因子和 SeCys 插入序列（Selenocysteine Insertion Sequence，SECIS）构成的 SECIS 复合体及相关酶的协助下，引导 SeCys–tRNA$^{[Ser]SeCys}$ 向核糖体结合域转移。只有在 SeCys 插入序列 SECIS 存在时，终止密码子 UGA 才成为编码 SeCys 的密码子，对 SeCys 进行解码，进而翻译为硒蛋白。

5.2 硒及硒蛋白在动物中的生理功能及作用机制

5.2.1 硒及硒蛋白调节动物抗氧化功能的影响及作用机制

（1）GPx–1 在动物抗氧化过程中的影响及作用机制

GPx–1 作为机体内重要抗氧化酶之一，可降低机体促炎因子积累，增强机体抗氧化能力，其表达受 Nrf2/ARE 通路影响。核因子 E2 相关因子 2（Nrf2）是一种参与维持细胞氧化还原平衡和信号传递的关键蛋白，在未受氧化应激时其与 Kelch 样环氧氯丙烷相关蛋白 1（Keap1）偶联，保护机体免受外源性应激；当机体受到氧化应激时，Nrf2 与 Keap1 蛋白解偶联，进入细胞核后与 ARE 结合，激活 Nrf2/ARE 通路，增强下游 *GPx-1* 基因表达，缓解机体氧化应激。在乳腺上皮细胞（BMEC）培养中加入 50 nmol/L 硒，体系中 Nrf2 蛋白含量提高 45%，*Keap1* 基因表达降低，Nrf2/ARE 通路被激活，培养体系中 GPx–1 含量增加 48%，BMEC 细胞活性提高 53.8%。GPx–1 水平升高后抑制 NF–κB 通路，降低炎症因子白细胞介素（IL）–1β 及过氧化物对机体的损伤，提高动物抗氧化力。采用浓度为 0.1 μg/mL 的 LPS 对奶牛 BMEC 处理 6 h 后，NF-κB 通路中 $p65$ 基因表达显著提高，NF-κB 信号通路被激活并触发 NF-κB 向细胞核转移，激活丝裂原活化蛋白激酶（MAPK）蛋白，促进肿瘤坏死因子（TNFr）-α、IL-1 和 IL-6 等促炎因子释放，导致机体发生炎症反应；采用浓度为 1 μg/mL 维生素 A 与 0.1 μg/mL 脂多糖（LPS）共同处理 BMEC 6 h 后，Nrf2/ARE 通路被激活，GPx-1 较正常细胞含量提高 6.6%，降低 IκK、IκBα 和 NF-κB $p65$ 的磷酸化，抑制 NF-κB 和 MAPK 蛋白活性，减少促炎因子 IL-1β 分泌，下调诱导型一氧化氮合酶（iNOS）基因表达，降低 NO 产生量，缓解氧化应激，机体抗氧化能力增强。GPx-1 还可抵御机体急性氧化应激，降低 NADPH 氧化酶（NOX）介导产生的过量 ROS，减少内质网应激，维持机体内环境稳定。将大鼠脑微血管内皮细胞与 100 μg/mL H_2O_2 共同处理 24 h 后，ROS 含量急剧增加，加入 NOX 抑制剂夹竹桃麻素后，ROS 含量回归正常水平。表明机体中 ROS 大部分源于 NOX 介导产生。研究发现，敲除 $GPx-1$ 基因后，动物抗氧化能力受损，机体中 ROS 大量堆积，诱导内质网氧化应激，影响细胞正常功能；黑素细胞经 100 μmol/L 的双溴二胺和 1 mmol/L 的 H_2O_2 共同处理 24 h 后，与对照组相比，细胞中 GPx-1 含量提高 173%，因 H_2O_2 诱导产生的 ROS 含量急剧下降，避免内质网氧化应激，减少细胞非正常凋亡。此外，GPx-1 可以介导 DNA 甲基转移酶 1（DNMT1）表达，在缓解 DNA 损伤中具有重要作用。研究发现，4.0 μg/mL 的赭曲霉毒素 A 会对细胞产生毒害作用和 DNA 损伤，添加浓度为 2.0 μg/mL 的硒后，GPx-1 含量较正常细胞提高 121.4%，抗氧化能力增强，上调 DNMT1 表达，阻断 DNA 氧化损伤，缓解细胞的毒害作用。

综上所述，激活 Nrf2/ARE 通路，增强 GPx-1 活性。GPx-1 可抵抗 LPS 诱导的氧化应激，缓解 IκK、IκBα 和 NF-κB $p65$ 磷酸化水平，抑制 NF-κB 通路并降低 MAPK 蛋白活性，减少促炎因子和 NO 产生，缓解氧化应激对机体产生的促炎反应；GPx-1 还可清除 NOX 介导生成的过量 ROS，缓解 H_2O_2 对细胞产生的不利影响；此外，GPx-1 介导 DNMT1 表达，降低氧化应激对机体 DNA 的损伤作用（图 5-1）。

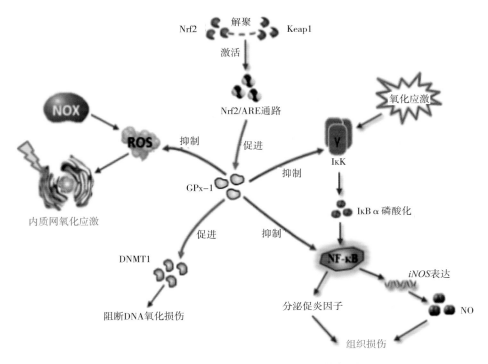

图 5-1 GPx-1 调控动物抗氧化功能机制

（2）Trx/TrxR 在动物抗氧化过程中的影响及作用机制

Nrf2 与 ARE 结合，构成 Nrf2/ARE 通路，受硒蛋白、ATP 与 ROS 等多种因素影响，其是机体抗氧化和免疫中重要的信号通路。激活 Nrf2/ARE 通路可增强下游 *Trx* 和 *TrxR* 基因表达，提高机体抗氧化能力。Trx、TrxR 作为 Trx/TrxR 系统主要组成成分，通过传递电子还原底物状态，影响抗氧化系统中抗氧化酶活性，调节细胞信号通路，清除机体过量过氧化物，抑制炎症因子产生及释放，在维持氧化还原平衡和稳定免疫稳态中具有重要作用。过量 ROS 通过与硫氧还蛋白互作蛋白（TXNIP）反应，从 Trx 中释放核苷酸结合寡聚化结构域样受体蛋白 3（NLRP3）炎性小体，异常激活 IL-1，促使机体产生氧化损伤，引发炎症反应。Trx 参与清除细胞内 ROS，与硫氧还蛋白结合蛋白 -2/ 维生素 D3 上调蛋白 1/TXNIP 等分子相互作用，实现缓解机体氧化应激和抗炎等生物学功能。TrxR 作为氧化还原依赖性细胞通路关键调控因子，可减少炎症小体产生，降低促炎反应。Trx 是 TrxR 反应的底物之一，TrxR 传递电子还原 Trx，减少氧化性 Trx，增强抗氧化能力，抑制 Trx/TXNIP 复合体产生，降低炎症诱因 NLRP3 释放，避免机体炎症产生。研究发现，将细胞暴露在百草枯中，ROS、TXNIP/Trx 复合体和 NLRP3 炎性小体含量显著上升，在加入 0.2 μg/mL 的水飞蓟素处理 3 h 后，Trx 和超氧化物歧化酶（SOD）等抗氧化酶表达增强，较对照组 Trx 和 SOD 分别提高 53.2 %和 175 %，ROS、TXNIP/Trx 复合体及 NLRP3 炎性小体含量显著降低，缓解炎症反应。此外，Trx/TrxR 系统不仅可调节 IL-1 基因表达，降低 NO 生成，还能与 NO 结合，减少机体 NO 含量，降低氧自由基产生，提高机体抗氧化能力。研究发现，IL-1 可促进 *iNOS* 基因表达，增加机体内 NO 含量，利用 10 μg/mL 的 LPS 与 40 μmol/L 的长春胺处理机体角膜上皮细胞 24 h 后，与对照组相比，机体中 *TrxR* 基因表达增强，IL-1 显著降低。Trx 的 S- 亚硝基可与 NO 结合，降低机体中 ROS 含量，抑制细胞非正常凋亡。

综上所述，激活 Nrf2/ARE 通路可增强 Trx/TrxR 系统抗氧化功能，清除机体内过量 ROS，保持机体氧化还原平衡，抑制 Trx/TXNIP 复合体产生，降低炎性小体 NLRP3 含量，减少 IL-1 异常激活，在提高机体抗氧化功能和维持机体稳态等过程中发挥重要作用。此外，Trx/TrxR 还可降低 NO 产生，缓解机体促炎反应。

5.2.2　硒及硒蛋白调节动物抗免疫功能的影响及作用机制

（1）硒及硒蛋白抗氧化抵御 DNA 损伤的影响及作用机制

抗氧化酶 GPx 主要功能是清除体内 ROS，包括超氧阴离子、过氧化氢和羟自由基等，调节胞内氧化还原平衡。ROS 在胞内有氧条件下产生，参与细胞增殖、分化、凋亡及其他生理活动。机体受不良环境因素刺激后，产生过量 ROS 引起持续性氧化应激，氧化还原平衡被打破，造成 DNA、脂质和蛋白质等生物氧化损伤。DNA 损伤会影响转录和信号通路正常运作，导致信号转导和细胞周期调控发生紊乱，DNA 复制错误及基因组不稳定。ROS 还可影响肿瘤周围组织细胞所处的微环境，产生 TNF-α、NF-κB 等炎性细胞因子，调节细胞代谢，进而使其适应氧化应激并向肿瘤细胞提供生长因子，协助肿瘤细胞逃逸，加速肿瘤迁移。GPx 在多种组织细胞中催化谷胱甘肽（GSH）还原过氧化氢物，将过氧化物还原为相应的醇，减少氧化应激和 DNA 氧化损伤，阻止自由基产生过氧化反应，从而降低细胞突变发生率。淋巴细胞 DNA 损伤常作为评定机体氧化损伤的敏感指标。研究发现，以 0.032 mg/kg 的低硒日粮饲喂鸡，表现出精神沉郁、羽毛蓬乱无光泽和肌肉颜色变淡等缺硒的明显症状；鸡免疫器官胸腺、脾脏和法氏囊中硒含量降低，总抗氧化能力、GPx 和 SOD 的活性下降，脂质过氧化产物丙二醛（MDA）含量升高，淋巴细胞 DNA 损伤增加，两者呈正相关，且 DNA 损伤和缺硒具有明显的时间—效应关系。说明日粮中不同硒剂量可影响动物免疫器官中硒的沉积速度，缺硒会干扰机体自由基代谢和抗氧化能力，造成免疫器官氧化应激和免疫细胞的 DNA 氧化损伤。研究表明，饲喂仔猪 3% 的氧化鱼油，通过食源性途径诱导机体氧化应激，造成仔猪肝脏和脾脏 DNA 断裂降解，肝细胞和脾脏淋巴细胞凋亡，在仔猪日粮中添加 0.2～0.6 mg/kg 硒后，可提高机体 GPx、SOD 等多种抗氧化酶活性，降低 MDA 水平，减少因氧化应激造成的 DNA 损伤及细胞凋亡。另有研究指出，小鼠长期摄入低硒饲料，会降低心肌组织 DNA 修复酶 8- 羟基鸟嘌呤 DNA 糖苷酶（OGG1）及碱基切除修复基因（*MUTYH*）的 mRNA 及蛋白表达水平。OGG1 不仅能阻止核 DNA 突变，还可通过修复线粒体 DNA 以降低胞内 ROS 的产生。*MUTYH* 主要负责在 DNA 复制完成后，通过碱基切除修复途径去除配对错误的腺嘌呤，进一步阻止 DNA 氧化损伤。

SeP 兼有转运 Se 和抗氧化的功能，可有效保护基因组完整性。*SeP* 基因敲除的小鼠，几乎所有硒蛋白及其 mRNA 表达均降低，其合成减少会引起 GPx 活性降低和硫代巴比妥酸反应物（TBARS，不饱和脂肪酸的氧化产物）水平升高，加剧氧化应激条件下 DNA 损伤。Barrett 等发现，结肠炎相关癌小鼠模型中，SeP 表达减少。当 SeP 的氧化还原活性位点或硒转运结构域丢失时，会导致氧化应激的 DNA 损伤增加，造成基因组不稳定并影响肿瘤微环境，从而促进了炎症性肿瘤的发生，证实 SeP 在肠上皮细胞中具有抗氧化作用，其缺失会增加炎症性致癌风险。Li 等发现，补硒能提高 SeP 水平，减少 DNA 损伤及染色体断裂，提高 DNA 修复酶活性并激活 DNA 损伤修复途径，降低基因突变率。由此可知，缺硒造成的 DNA 氧化损伤可能是由机体氧化应激加重和 DNA 修复酶水平下降共同作用的结果。硒蛋白 GPx 和 SeP 在调控胞内氧化还原平衡和硒转运中起着至关重要的作用。缺硒会加重机体氧化应激，造成 DNA 和蛋白质等生物大分子的氧化损伤，影响细胞正常生理功能并诱发细胞凋亡。但要完全阐明硒蛋白与 DNA 修复酶、稳定基因组等机制仍需要更深入的研究。

（2）硒及硒蛋白调控免疫细胞增殖的影响及作用机制

研究表明，硒通过提高免疫细胞增殖，促进畜禽免疫器官发育，调控机体免疫功能。GPx-4 作为 GPx 的一种同工酶，又称磷脂过氧化氢 GPx，不仅能特异性抑制膜磷脂过氧化，还可通过信号转导调节免疫细胞增殖分化及凋亡。将猪 GPx-4 基因导入肝癌（HCC）3 细胞系进行体外培养，GPx-4 蛋白过表达降低了胞内 ROS，缓解细胞氧化应激，并提高用以清除脂质氢过氧化物（LOOH）的 GSH 水平，其中高水平硫醇还可增强细胞毒性 T 淋巴细胞杀伤作用，使 G2/M 期细胞数量减少，LOOH 诱导的 HCC 周期进展受到阻滞，从而抑制细胞增殖。同时，Zhou 等将含有稳定高表达 GPx-4 的 HCC 移植到小鼠体内，发现其通过增强内源性血管生成抑制剂血栓素 1 表达，破坏血管内皮细胞增殖和迁移，减少有促血管生成作用的白细胞介素（IL）-8 和 C- 反应蛋白水平，从而抑制由血管生成导致的 HCC 细胞转移。高水平 GPx-4 还可引起浸润性免疫细胞数量和功能改变，使 M0 巨噬细胞、调节性 T 细胞和活化的 NK 细胞大量增加，嗜酸性粒细胞、T 淋巴细胞亚群（γδT 细胞）和活化的树突状细胞减少，而具有免疫抑制功能的 M2 巨噬细胞转化为 M1 巨噬细胞，从而通过免疫介导机制调节免疫细胞增殖。

淋巴细胞作为机体免疫应答的重要组成部分，直接参与细胞及体液免疫反应，其增殖率更被视为机体免疫力增强的代表性指标。氧化应激引起仔猪 T 淋巴细胞转化率、血清型免疫球蛋白（Ig）G、IgA、IgM 和猪瘟抗体水平下降，添加 0.4 或 0.6 mg/kg 硒显著促进机体免疫细胞增殖并提高免疫球蛋白与特异性抗体水平。研究发现，硒处理小鼠脾脏淋巴细胞可显著提高细胞增殖率，硒浓度为 10^{-7} mol/L 时，细胞增殖率达到最大值，10^{-7} mol/L 硒处理组细胞培养液中 γ-干扰素（IFN-γ）、IL-1β、IL-4 和 IL-6 含量相比于对照组分别提高了 10.34 倍、2.15 倍、1.06 倍和 6.68 倍，刺激淋巴细胞增殖、诱导辅助性 T 细胞定向分化和激活巨噬细胞，从而提高淋巴细胞介导的免疫功能和机体免疫能力。小肠黏膜易受 ROS 氧化损伤导致炎性肠病的发生，提高小肠黏膜免疫功能有助于维持动物胃肠道健康。小肠上皮淋巴细胞（IELs）和免疫活性细胞及其分泌的免疫球蛋白 A（SIgA）是小肠黏膜免疫系统的重要组成部分，IEL 的数量和 SIgA 的分泌量在一定程度上直接反映了小肠黏膜的免疫屏障功能。He 等发现，缺硒使鸡小肠绒毛长度、隐窝深度、黏膜厚度和 IELs 下降，抑制小肠 GPx 活性和 SIgA 的分泌量，损伤黏膜免疫屏障。Liu 等发现，缺硒抑制鸡十二指肠黏膜中 GSH、GPx 活性和 SIgA 分泌，激活 NF-κB 信号通路，增强促炎细胞因子 IFN-γ、IL-17A、IL-1β 和 TNF-α 基因表达，降低抗炎细胞因子如转化生长因子-β1 和 IL-10 基因表达，造成十二指肠黏膜炎症级联反应和组织损伤。研究表明，由 NF-κB 诱导的肠道炎症通路中，GPx-2 通过氧化还原调节，清除小肠上皮细胞 ROS 并阻止其生成，抑制 NF-κB 的激活及其下游炎症基因的表达，从而维持肠黏膜正常生理和免疫功能。

总之，硒通过促进淋巴细胞增殖和提高免疫球蛋白与抗体的分泌，从而增强机体的免疫应答能力。在小肠黏膜免疫中，缺硒使 IELs 和 SIgA 数量降低，损害小肠黏膜免疫屏障，提高了内源及外源性病原微生物入侵小肠黏膜的风险。在 NF-κB 诱导的肠道炎症通路中，硒蛋白 GPx-2 通过调控炎症相关细胞因子的表达及抗氧化作用，从而缓解炎性肠病，维持肠道正常形态结构和生理功能。

5.2.3　硒及硒蛋白对动物繁殖性能的影响及作用机制

（1）硒及硒蛋白对畜禽雄性激素及生精组织的影响及作用机制

研究显示，补硒可提高公猪生精组织中 GPx mRNA 的基因表达和 GPx

活性。Lei 等在妊娠期和哺乳期的基础日粮中添加 0、0.5 和 2.0 mg/kg 的富硒酵母形式硒，发现添加硒可提高后代山羊睾丸重量、体积。母代饲粮添加 0.5 mg/kg 的硒可提高公羊羔生精细胞、间质细胞密度及睾酮（T）水平，但高剂量硒反而会损害公羊羔生精组织结构。用添加 Na_2SeO_3 的日粮饲喂海兰褐公雏鸡发现，添加 1 mg/kg 硒的 Na_2SeO_3 组公鸡的睾精细管发育最好，有明显的管腔，管壁完整，生精细胞形成良好，但添加 5、10、15、20 mg/kg 硒组显示曲精细管发育差、细管破裂及无精子等现象，生精组织受损程度随硒浓度的提高而明显增加。曲精细管和间质细胞分泌的 T 是一种类固醇激素，可促进睾丸发育及精子成熟、刺激精原细胞增殖和维持第二性征，且受促卵泡素（FSH）和促黄体素（LH）的调控。机体约 95% 的 T 是由间质细胞合成分泌的，因此，间质细胞活度直接影响精子能否顺利产生。镉（Cd）是一种易于在机体蓄积，诱导生殖细胞氧化应激并凋亡的元素。研究发现，对小鼠间质细胞用 20 μmol/L Cd 和不同浓度的纳米硒处理，细胞经 Cd 处理 24 h 后，促凋亡蛋白 Bax 表达显著提高，抗凋亡蛋白 Bcl-2 表达减少，Bax/Bcl-2 比值上升，细胞逐渐皱缩并发生染色质凝聚和核固缩等典型的细胞凋亡特征；纳米硒和 Cd 共处理组的细胞 Bax/Bcl-2 比值下降，细胞活度提高，抑制因氧化应激而造成的细胞凋亡，提示硒通过 Bax/Bcl-2 途径调节睾丸间质增殖和凋亡。对蛋用种鸡饲喂添加酵母硒的日粮，发现硒可提高公鸡总抗氧化能力和过氧化氢酶活性，降低血浆 MDA 含量、FSH、LH 和 T 的水平，且精子活力也随日粮硒浓度增加而升高。Marin 等发现，饲粮中加入硒和维生素 E 可稳定公猪副性腺中前列腺素的分泌并促进 T 的分泌。

综上所述，硒对公畜生精组织的影响，可能是通过影响性激素的分泌和机体抗氧化作用，从而促进睾丸等生殖器官发育，维持曲精细管正常组织结构和精液品质。因此，动物饲粮中添加一定浓度的硒对于雄性动物生殖器官发育和精子品质有积极影响，但添加高剂量硒会损害生精组织结构，造成机体硒中毒。

（2）硒及硒蛋白对精子细胞转录因子的影响及作用机制

精子的发生是一个高度有序的周期性过程，涉及生殖细胞增殖、分化及凋亡等活动。硒通过影响雄性生殖细胞内转录因子激活蛋白 1（AP1）、NF-κB 和细胞周期调节因子的基因表达，调控精子的发生和细胞周期进程。AP1 被誉为细胞内信号转导的第三信使，是一种由 Jun、Fos、ATF 和 MAF 蛋白亚家族成员组成的同源或异源二聚体，其中最典型的是由 c-Jun 和 c-Fos 组成的异源二聚体 AP1，通过碱性亮氨酸拉链而结合 DNA 靶序列并调节靶基因转录，从而影响细胞增殖分化及凋亡等活动。

ROS、细胞因子和磷酸化的丝裂原活化蛋白激酶家族成员均可活化 AP1，被磷酸化的 AP1 随即进入细胞核，调控基因表达。AP1 结合在 γ-谷胱甘肽合成酶、TrxR1、SOD 等抗氧化酶基因的启动子区域，因此，其活性可影响酶的合成和细胞抗氧化能力。AP1 活性主要受 Jun 和 Fos 蛋白磷酸化的影响。Shalini 等发现，缺硒饲粮组相较于适宜硒饲粮组的小鼠，体内硒含量和 GPx 活性显著降低，脂质过氧化反应的产物显著增加；硒适宜组小鼠精原细胞和精母细胞的 c-Jun 和 c-Fos mRNA 表达水平在有丝分裂时期较高，减数分裂时期下降，精细胞成熟时达到峰值；而缺硒小鼠的 c-Jun 和 c-Fos mRNA 表达水平及 c-Jun 磷酸化程度很低，幼精细胞和成熟精子细胞数量明显减少，精子活力减弱。对体外培养的小鼠睾丸细胞单独加入 0.5、1.5 μmol/L 的 Na_2SeO_3 形式硒或同丁硫氨酸亚砜亚胺（BSO，GSH 耗竭剂）后发现，添加 0.5 μmol/L 硒组的细胞内 c-Jun 和 c-Fos 基因表达增强，而添加 1.5 μmol/L 硒或使用 BSO 会耗竭 GSH，使细胞产生过量的 ROS，诱导 P65（NF-κB 的亚基）基因的表达。AP1 的表达通常涉及细胞的增殖及分化，且有利于精子的生成，而 NF-κB 基因的激活会诱导细胞凋亡。

另有研究提出，参与细胞信号转导的蛋白激酶及转录因子 AP1 和 NF-κB 的蛋白分子半胱氨酸侧链上都含有 CH_2-SH，是细胞用以感受氧化还原状态的特殊结构。当半胱氨酸的巯基被巯基氧化剂或烷化剂氧化为二硫键时，AP1 与 DNA 结合活性明显下降，胞内信号转导及基因转录等过程也受到抑制。而细胞通过 TrxR 的氧化还原作用，使 AP1 半胱氨酸残基处于还原状态，从而维持 AP1 和 DNA 的结合活性和转录活性。说明硒蛋白的抗氧化作用可调节转录因子的活性，从而影响精子细胞的增殖及凋亡。

精子细胞的增殖还受到细胞周期进程的影响。细胞周期能否顺利完成依赖于细胞周期蛋白（Cyclins）、细胞周期依赖性激酶（CDKs）及细胞周期蛋白依赖激酶抑制剂（CKI 如 P21、P27）等周期调节因子的共同调节作用。细胞周期调控因子基因的异常表达或周期蛋白的活性受到抑制通常伴随着细胞周期阻滞，进而造成细胞凋亡。硒缺乏或过量都会增强绵羊精原干细胞中脂质过氧化反应，造成的氧化应激引起精子质膜不完整，染色质凝聚程度低，线粒体结构异常，精子增殖受到抑制且凋亡程度高；而添加 2 μmol/L 的硒可显著提高精子顶体完整率，降低精子畸形率，增强细胞周期调节蛋白 CyclinB1、CDK1 及抗凋亡蛋白 Bcl-2 的表达，降低激酶抑制剂 P21、P27 及促凋亡蛋白 Bax、Caspase 的基因表达，从而促进细胞的增殖。研究表明，高硒或缺硒均会下调小鼠和山羊精子细胞中 CyclinB1、CDK1 的基因表达，最终造成细胞周期阻滞。

综上所述，硒及硒蛋白在精子的发生和机体抗氧化中起至关重要的作用。硒蛋白通过影响雄性生殖细胞内转录因子 AP1、NF-κB 的转录活性，以及细胞周期调节因子 CyclinB1、CDK 和凋亡相关基因 *Bax*、*Bcl-2* 的表达，进而调控精子增殖分化、凋亡和细胞周期进程。但要完全阐明硒蛋白对转录因子的调控和在相关信号通路中的作用，以及参与精子细胞周期调控的分子机制仍需要更深入的探究。

5.3　硒含量对动物生长发育的影响

5.3.1　富硒能提高动物生长性能

在家畜生产中，添加 0.1% 和 0.3% 的富硒乳酸菌可显著降低育肥猪大肠杆菌数量，增加乳酸菌数量，0.3% 组相较于对照组，粗蛋白、磷的表观消化率和日增重显著提高，料重比显著降低。在热应激环境中，育肥猪日粮中添加 0.1 mg/kg、0.3 mg/kg 和 0.5 mg/kg 酵母硒，相比于对照组，血清、肝脏和肾脏中的 MDA 含量显著降低，GPx 和 SOD 活性显著提高，且呈剂量效应关系。在家禽生产中，用添加 0.15 mg/kg 壳聚糖硒或 Na_2SeO_3 形式硒的日粮饲喂蛋雏鸡，壳聚糖硒组平均日增重、采食量均显著高于对照组和 Na_2SeO_3 组，Na_2SeO_3 组蛋鸡体重显著高于对照组，补充硒显著增强雏鸡血清 GPx 和 SOD 活性，提高肝脏 GPx-1 和 GPx-4 mRNA 表达量。通过研究壳聚糖硒对肉仔鸡生产性能、肠道菌群的影响，发现日粮中添加 0.1% 壳聚糖硒显著提高肉仔鸡平均日增重和日采食量，降低料重比，还可显著提高盲肠内双歧杆菌和乳酸杆菌数量，降低大肠埃希菌数量，改善肠道微生态环境。由此可见，在日粮中添加硒可增强畜禽抗氧化及抗热应激能力，提高动物生产性能。

5.3.2 富硒能提高动物繁殖性能

在围产期奶牛基础日粮中补充 80 IU/kg 维生素 E 和 0.3 mg/kg 硒，显著降低分娩后牛血清 MDA 含量，提高血清吞噬细胞和淋巴细胞活性，缓解妊娠和分娩对机体造成的应激，缩短产后第一次发情时间，提高妊娠率。在波尔山羊基础日粮中添加 0.1 mg/kg 和 0.3 mg/kg 纳米硒形式硒，与对照组相比，补硒组睾丸发育良好，曲精细管内生精细胞层数增多，细胞膜和核膜结构完整，精细胞尾部中段线粒体排列整齐，形状规则。在蛋用种公鸡日粮中添加 SeMet，0.5 mg/kg 硒添加组精液量、精子密度和精子活度分别显著提高 42.11%、38.53% 和 21.25%，促黄体素显著提高 35.37%，1 mg/kg 硒添加组种蛋孵化率显著提高 2.22%，促卵泡素提高 25.66%。总之，对于母畜而言，氧化应激会造成排卵质量差、受精率低、胚胎死亡或流产等；对于公畜而言，氧化应激引起精液品质下降、性激素分泌不足及影响生精组织发育，严重影响畜禽繁殖性能。在畜禽生产中添加适量的硒有助于提高畜禽繁殖性能，但需要考虑不同畜禽对硒的需求和耐受力。

5.3.3 硒过量对动物的危害

（1）动物摄入硒过量的原因

动物摄入硒过量的原因主要有三点。第一，土壤硒含量过高引起植物硒含量较高。例如，我国陕西省紫阳县双安区土壤硒含量为 15.74 mg/kg，与美国怀俄明州（7.1～26 mg/kg）和湖北恩施的水平相近，玉米硒含量高达 6.33～37.55 mg/kg。第二，动物采食高硒植物。例如，单冠毛属、黄芪、某些棘豆属的植物和紫云英吸收土壤中的硒帮助其生长，使植物体内硒富集可达 100～9000 mg/kg。第三，在饲料中添加混合不均或预防动物硒缺乏症时用量过大。

（2）动物摄入硒过量的危害

硒过量可引起慢性、亚急性和急性中毒，具体表现为何种形式取决于摄入硒的类型、剂量和接触时间。

牛慢性硒中毒时，表现为精神沉郁、关节僵硬、蹄裂、跛行、被毛粗乱、反应迟钝和精神衰弱，牛尾毛易脱落，蹄变形。家禽慢性硒中毒时，出现胚胎畸形、孵化率下降及产蛋量减少。牛亚急性硒中毒后表现为磨牙、腹痛、眼瞎、瘫痪、流涎和呼吸衰竭而死。反刍动物和单胃草食动物（马）急性硒中毒后表现为呼吸困难、体温升高、瞳孔散大、鼻孔有泡沫、黏膜发绀、多尿、胃肠臌气、腹痛、精神沉郁、步态不稳和呼出气体有明显的大蒜味。猪急性硒中毒后发生呕吐。鸡急性硒中毒后发生冲跑、尖叫、反复挣扎和角弓反张。

5.4 动物类富硒产品

5.4.1 富硒家禽产品

研究发现，雏鸡饲粮添加 0.16 mg/kg 酵母硒，饲喂 10 天，可使日增重提高 3.65%，但添加 0.32 mg/kg 酵母硒的饲养结果与对照组相似。家禽摄入酵母硒后，体内硒沉积量增加，增强抗氧化能力，对改善蛋壳质量具有积极作用。在蛋鸡饲粮中添加 0.30 mg/kg 酵母硒，饲喂 35 天后，血清和肝脏 CAT 和 SOD 活性增强，饲料转化率显著提高，肝脏硒沉积量提高 40%，软碎蛋率下降 59.80%。同时，酵母硒通过调控家禽内微量元素含量，提高畜产品品质。在蛋鸡饲粮中添加 0.3 mg/kg 酵母硒，其生产的蛋黄中铁浓度提高 11.07%，锰和锌浓度分别降低 16.67% 和 4.88%，平衡鸡蛋抗氧化系统中锌、锰和铁等微量元素，提高鸡蛋抗氧化防御能力。由此可见，补充适量酵母硒可增强肉鸡和蛋鸡抗氧化功能，增加硒沉积量，进而改善其生产性能和产品质量。

5.4.2 富硒猪肉产品

酵母硒可通过提高猪抗氧化酶活性和免疫因子含量，改善其生长、生产性能和肉品质。在断奶仔猪日粮中添加 250 mg/kg 酵母硒，饲喂 21 天后，血清 GPx、CAT 和 SOD 活性显著提高，血清免疫球蛋白 G 和免疫球蛋白 A 浓度分别提高 91.94% 和 77.97%，MDA、IL-6 和 IL-1β 含量下降，同时粗蛋白质和粗灰分消化率显著提高，促进仔猪生长。酵母硒还通过提高产仔母猪初乳营养成分含量，促进仔猪生长。Zhang 等对营养受限母猪进行试验分析，产仔母猪日粮中添加 10 g/kg 酵母培养物和 1 mg/kg 酵母硒，初乳蛋白质、乳糖和乳脂浓度均提高，断奶仔猪重和仔猪平均日增重分别提高 15.63% 和 15.17%。补充酵母硒还可改善猪肉品质，降低因细菌生长繁殖引起的肉质改变。饲粮中添加 0.3 mg/kg 酵母硒，饲喂育肥猪 50 天后，可改善猪胴体性状，降低胸肌滴水失水、pH 值和肉色 L* 值（亮度），增强肉颜色稳定性，提高肉品质，改善风味，并可清除自由基，减缓猪肌肉氧化速度，降低胸肌总挥发性碱性氮含量，抑制大肠杆菌和乳酸杆菌繁殖，维持猪肉新鲜度，延长货架期。

5.4.3 富硒水产品

补充适量酵母硒可增强水产动物抗氧化指标活性、提高其成活率和生长性能。酵母硒以 0.5 mg/kg 剂量饲喂受亚硝酸盐胁迫的幼蟹，可使血清和肝胰腺中 SOD 和 GPx 活性显著提高，MDA 水平下降，同时幼蟹成活率、饲料转化率和增重率显著提高。酵母硒以 4 mg/kg 剂量饲养虹鳟鱼 42 天后，饲料转化率提高 9.9%，体增重和蛋白质沉积率分别提高 25.67% 和 15.22%，肌肉粗蛋白含量提高 5.84%，促进鱼生长。此外，在饲料中添加酵母硒还应考虑鱼的生长需求和耐受力。研究表明，酵母硒以 3 μg/g 饲养罗非鱼 90 天后，体增重提高 17.98%，CAT 和 GPx 活性显著提高，但饲粮添加 12 μg/g 酵母硒，CAT 和 GPx 活性减弱，罗非鱼体增重下降 41.17%。由此说明，适量添加酵母硒对水产动物有益，过量则引起拮抗作用，不仅降低其抗氧化性能，而且抑制动物生长。

5.4.4　富硒反刍动物产品

补充酵母硒可提高反刍动物生产性能、机体代谢水平和改善肉品质。奶牛日粮添加 5.0 mg/kg 酵母硒，血清中 GPx 活性提高，T-AOC 显著增强，奶牛产奶量显著提高，乳脂率和乳糖产生量分别提高了 11.63% 和 8.05%，而奶中体细胞数量显著降低。表明酵母硒可增强奶牛体内抗氧化酶活性，对于其生产性能提高具有积极作用。同时，在日粮中添加酵母硒，可以优化反刍动物瘤胃微生物结构，提高饲料养分消化率，进而改善机体代谢水平。研究发现，在藏羊草料中添加 0.18 g/kg 酵母硒，发现瘤胃中厚壁菌门丰度上调，增强瘤胃纤维素降解和蛋白质代谢的能力，显著提高挥发性脂肪酸产生量。此外，在内洛尔牛日粮中添加 2.7 mg/kg 酵母硒，饲喂 84 天后，平均日增重提高 15.71%，滴水损失下降 16.27%，肉色 L* 值（亮度）提高，肉中硒富集程度显著增加，使内洛尔牛肉品质和胴体性状得到改善。由此推断，日粮中添加超营养剂量（2.7 mg/kg）酵母硒不会降低内洛尔牛生产性能及胴体品质，这可能可以成为生产富硒牛肉的一种方法。

5.5　小结

硒作为动物必需的微量元素，主要以 SeCys 的形式掺入硒蛋白，发挥生物学功能如抗氧化、提高机体免疫力和参与甲状腺激素代谢等。

研究发现，硒循环中硒蛋白占90%以上，小分子硒代谢产物约占5%，认为硒是通过硒蛋白及硒代谢产物共同发挥生理作用的。在动物生产过程中，饲粮的改变、热应激和环境不适均会诱导自由基的产生，伴随着机体氧化和抗氧化系统的失调，导致脂质过氧化反应，损伤细胞膜及蛋白质和DNA等生物大分子，影响细胞正常形态和功能。已知大多数硒蛋白如GPx、TrxR、SeP等都具有抗氧化功能，因而机体内硒蛋白水平下降，易造成细胞、组织氧化损伤和机体免疫功能受阻。在细胞氧化还原微环境中，硒蛋白通过清除机体ROS及增强DNA修复酶表达和活性，减弱DNA、脂质和蛋白质等生物氧化损伤；在小肠黏膜免疫中，硒蛋白通过促进淋巴细胞增殖和提高免疫球蛋白与抗体的分泌，增强机体免疫应答能力；在NF-κB诱导的肠道炎症通路中，GPx-2通过调控炎症相关细胞因子的表达及抗氧化作用进而缓解炎性肠病，维持肠道正常形态结构和生理功能。硒作为饲料添加剂已广泛应用于畜牧生产，适当添加硒制剂可有效提高动物抗氧化能力、生长性能与繁殖性能。

富硒动物类农产品包括富硒肉（猪、牛、羊、鸡）、富硒蛋、富硒蜂蜜、富硒乳等。富硒肉制品的开发主要是在畜禽的日粮中添加硒源，从而增加动物肌肉组织中硒的沉积。然而，硒制剂在实际生产中的应用仍需深入研究，一方面硒最佳摄入剂量难以确定，过量易造成硒中毒；另一方面不同种类的畜禽对硒的耐受程不同，硒作用于动物产生的结果有较大差异。近年来，硒及硒蛋白对动物生理功能的调控研究已取得较大进展，分子生物学技术的应用与发展为在动物饲料中添加适量硒制剂改善动物生长和繁殖性能及肉品质提供了一定帮助。

第六章 硒与微生物

微生物可将毒性较高的氧化态 SeO_4^{2-}、SeO_3^{2-} 异化还原为毒性较低的元素态硒，或同化还原合成硒蛋白，甲基化为具有高挥发性的二甲基硒等。同时，有些微生物还可将单质硒氧化而获得能量。由此可见，微生物是硒物质循环和转化的主要推动力。本章主要从微生物硒代谢机制、硒在微生物中的功能及微生物硒代谢的应用来介绍硒与微生物的相互关系，以期通过本章内容，让读者对微生物与硒有更深入的认识和了解。

6.1 微生物硒代谢机制

6.1.1 硒的吸收与转运

硒元素与硫元素在元素周期表中同属第 VI A 族，硒和硫分别位于第三和第四周期，化学性质类似，微生物对硒的吸收、转运与硫类似。Sirko 等发现在大肠杆菌（*Escherichiacoli*）中 SeO_4^{2-} 通过 SeO_4^{2-}ABC 转运通透酶系统（CysAWTP）进入细胞，转运复合体包括 2 个 CysA 结合于 ATP，2 个膜内蛋白（CysT 和 CysW）及在周质空间的结合蛋白 CysP，但其并不是 SeO_4^{2-} 进入细胞的唯一通道。Turner 等的研究发现，抑制 CysAWTP 的表达，并不能完全抑制 SeO_3^{2-} 吸收。GutS、SmoK 和 DedA 等蛋白也参与 SeO_3^{2-} 向细胞内的转运。此外，ABC 泵、磷酸转运系统和单羧酸转运系统也可以转运硒。

在酿酒酵母（*Saccharomycescerevisiae*）中发现硫酸盐转运蛋白（Sul1p 和 Sul2p）和硫酸盐通透酶（Sul1 和 Sul2）都与 SeO_3^{2-} 的吸收、转运有关，其机制与大肠杆菌（*E. coli*）相似。Lazard 等发现在酵母细胞的培养基中，分别加入高浓度或低浓度磷酸盐，SeO_3^{2-} 的吸收、转运则分别由 2 个高亲和性（Pho84p、Pho89p）和 3 个低亲和性的（Pho87p、Pho90p、Pho91p）PT 控制。McDermott 等发现酵母细胞中的一元羧酸同向转运体（Jen1p）也与 SeO_3^{2-} 的转运有关。

6.1.2 硒的还原

（1）硒酸盐的还原

一般而言，在微生物中 Se^{6+} 还原为 Se^{4+} 和 Se^{4+} 还原为终产物是两个独立的过程，且均能在有氧和无氧条件下进行。因此，氧气对 Se^{6+} 还原有一定的影响。在基于甲烷的膜生物膜反应器（MBfR）中，供氧速率在 Se^{6+} 还原速率中起促进或抑制的双重作用。当氧气的供应量为 $12 \sim 184$ mg/L·d 且溶解氧（DO）忽略不计的情况下，Se^{6+} 的还原率显著提高。相比之下，当 DO 浓度为 3 mg/L 且过量供应氧气量（626 mg/L·d）时，Se^{6+} 的还原率显著降低。

在厌氧条件下，硒酸盐还原酶在革兰阴性菌 *Thauera selenatis* 和阳性菌 *Bacillus selenatarsenatis* SF-1 中的研究较为清晰，其分别编码 SerABC 复合体和 SrdBCA 复合体。

除了特异的硒酸盐还原酶，值得注意的是，球形红杆菌（*Rhodobacter sphaeroides*）的周质硝酸还原酶（Nap）和大肠杆菌（*Escherichia coli*）的膜结合硝酸还原酶（Nar）均具有体外 Se^{6+} 还原活性。诸如 *Ralstonia eutropha*、*Paracoccus denitrificans* 和 *Paracoccus pantotrophus* 等反硝化细菌中的硝酸还原酶能够利用硒酸钾和亚碲酸钾作为电子受体。通过硫酸盐异化途径还原 Se^{6+} 可能是需氧生物 Se^{6+} 还原的一般机制，因为在菌株 *Comamonas testosteroni* S44 中，Se^{6+} 还原被硫酸盐竞争性抑制。

在肠杆菌（*Enterobacter cloacae*）SLD1a-1 中，硒酸盐还原酶在有氧和无氧条件下均能表达，但在微氧条件下，硒酸盐还原酶活性最大。其在低氧条件下的表达受 *fnr* 基因（延胡索酸硝酸盐还原调控蛋白）编码的一种氧敏感蛋白调控。

硒酸盐还原酶 SerABC 和在 *T. selenatis* 中对 Se^{6+} 还原起作用的亚硝酸还原酶均位于周质中。因此，这两种酶能够单独或以协同的方式将 Se^{6+} 和 Se^{4+} 还原成硒纳米颗粒（SeNPs），如图 6-1 所示。Se^{6+} 除了在周质中被还原，Debieux 等指出在 *T. selenatis* 对 Se^{6+} 还原中，在其细胞质中也发现了 Se 的沉积，由此说明可能至少存在两种机制。但到目前为止，尚不知是否存在不通

过 Se^{4+} 而能将 Se^{6+} 直接还原成 Se^{0} 的微生物。

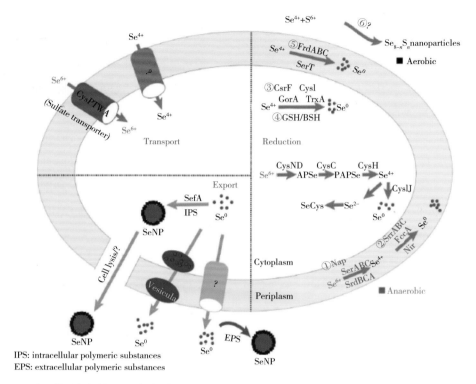

注：①无氧条件下，Se^{6+} 分别被革兰阴性菌的硝酸盐还原酶和阳性菌的硒酸盐还原酶在周质中还原；②无氧条件下，Se^{4+} 通过亚硒酸盐还原酶 SrrABC、延胡索酸还原酶 FccA 和亚硝酸盐还原酶 Nir 在周质中还原为硒纳米颗粒；③有氧条件下，Se^{4+} 能被多种还原酶在细胞质中还原；④有氧条件下，Se^{4+} 能通过硫醇还原，如 GSH 和 BSH；⑤有氧条件下，Se^{4+} 可以通过富马酸还原酶和亚硒酸还原酶 SerT 在周质中还原为 SeNPs；⑥在 SO_4^{2-} 和 SeO_3^{2-} 存在下，能够通过未知通路在胞外产生硒纳米颗粒混合物（$Se_{8-n}S_n$）。

图 6-1　细菌中亚硒酸盐和硒酸盐的多种代谢途径

（2）亚硒酸盐的还原

已发现多种细菌能够在胞内或胞外将 Se^{4+} 异化还原成硒纳米颗粒（SeNPs）或硒化物，并阐明了不同分子机制（图 6-1）。大多数情况下，细菌在周质和细胞质中将 Se^{4+} 还原成硒纳米颗粒，而当细菌产生和排出还原物质时，则 Se^{4+} 的还原发生在胞外。

在 *B. selenitireducens* MLS10 菌株中发现呼吸型亚硒酸盐还原酶复合物 SrrABC，其催化亚基 SrrA 是多硫化物还原酶（PsrA）催化亚基的同源物。在菌株 *Shewanella oneidensis* MR-1 中，周质延胡索所还原酶 FccA 与厌氧 Se^{4+} 还原有关，然而尚不清楚这种细菌中厌氧 Se^{4+} 还原是否与细胞生长有关。其他呼吸还原酶，如 *T. selenatis* 和 *Rhizobium sullae* 周质亚硝酸还原酶能够在无氧条件下还原 Se^{4+}，但是 Se^{4+} 作为电子受体不支持细菌生长，因此细菌中的厌氧 Se^{4+} 还原是一种解毒机制。

亚硫酸还原酶对 Se^{4+} 的还原可能是需氧 Se^{4+} 还原菌的另一种机制（图 6-1）。例如，亚硫酸盐的竞争性抑制了 *Providencia rettgeri* HF16 对 Se^{4+} 的还原，定量蛋白质组学分析表明亚硫酸盐还原酶 Cys I 表达上调。Cys 的突变体并没有显著影响 *C. testosteroni*S44 对 Se^{4+} 的还原。而 Cys I 的损害则对细菌细胞质中 Se^{4+} 还原为硒纳米颗粒的通路产生了影响。这一结果表明，亚硫酸盐还原酶可能仍然介导 *C. testosterone* S44 细胞内 Se^{4+} 的还原，因为 Se^{4+} 还原主要受由周质亚硫酸盐脱氢酶家族蛋白 SerT 调控。

Se^{0} 呼吸细菌，*Bacillus selenitireducens* 和 *Thiobacillus ferrooxidans* 能进一步厌氧还原 Se^{0} 为 Se^{2-}。*Bacillus beveridgei* MLTeJB 和 *Veillonella atypica* 也能厌氧还原 Se^{4+} 为 Se^{0} 和 Se^{2-} 的混合物。亚硫酸盐呼吸细菌 *Desulfovibrio desulfuicans* 亚种 *Aestuarii* 能厌氧还原毫微摩尔水平的 Se^{6+} 为 Se^{2-}。在一些以甲烷或氢为基础的膜生物膜反应器中，Se^{6+} 还原的终产物是 Se^{0} 沉淀物。氧气的浓度似乎是产生不同种还原产物的一个影响因子，因为 Se^{2-} 在厌氧条件下更容易形成。

6.1.3　硒的氧化

自养土壤细菌对单质硒的氧化早在 1923 年就有报道。新鲜土壤中添加单质硒，单质硒被氧化，土壤酸度增加，当把这种土壤添加到以单质硒作为唯一能源的培养基中时，由于棒状杆菌的生长，培养基变浑浊。在当时，他们的研究细节和硒氧化细菌的特性并没有发表。随后，在对土壤和细菌培养物进行的实验中，发现了微生物对单质硒的氧化作用。

Torma 和 Habashi（1972）指出，*Acidithiobacillus ferrooxidans* 能够将硒化铜中的 Se^{2-} 氧化成单质硒。Sarathchandra 和 Watkinson（1981）率先报道了 *Bacillus megaterium*（巨大芽孢杆菌）将单质硒氧化为 SeO_4^{2-} 或 SeO_3^{2-}，且其主要产物是 SeO_3^{2-}，SeO_4^{2-} 只占很少一部分。之后，单质硒氧化为 SeO_4^{2-} 或 SeO_3^{2-} 的证据在土壤中被证实。当土壤经过高压蒸汽灭菌或添加代谢抑制剂（如福尔马林、抗生素、叠氮化物和 2,4- 二硝基苯酚）时，SeO_4^{2-} 或 SeO_3^{2-} 的产量将会减少。但添加醋酸盐、葡萄糖或硫化物则会提高硒的氧化，这表明化学异养或化学自养硫杆菌参与其中。共培养 *Thiobacillus* ASN-1、*Leptothrix* MnB1 和异养土壤提高了单质硒的氧化，终产物主要是 SeO_4^{2-}。

几乎在同时，Losi 和 Frankenberger（1998）报道了微生物在土壤中对单质硒的氧化和溶解。氧化过程是以 $NaHCO_3$ 作为无机碳源进行的，表明该微生物是化能自养型。然而，单质硒的氧化速率慢且终产物均为 SeO_4^{2-} 和 SeO_3^{2-}。一般而言，在硒循环过程中，氧化速率与还原速率慢 3～4 个数量级。这可能导致单质硒或硒化物的含量在沉积物中按比例增加。

6.1.4 硒的甲基化和去甲基化

环境中微生物可以利用 Se 甲基化将 SeO_4^{2-} 和 SeO_3^{2-} 转化成可挥发性物质而去除，如 DMSe（CH_3SeCH_3）和 DMDSe（$CH_3SeSeCH_3$），这对 Se 在大气中的自然循环也起着重要作用，DMSe 和 DMDSe 中的硒均为完全还原价态（Se^{2-}）。

大量研究表明，在各种环境样品（土壤、污泥和水）中，微生物能够将 SeO_4^{2-}、SeO_3^{2-}、SeCys 和 SeMet 中的硒资源转化成 DMSe 和 DMDSe。细菌和真菌均能产生各种形式的甲基化硒，如二甲基硒酮 [（CH_3）SeO_2）]、二甲基三硒（DMTSe、$CH_3SeSeSeCH_3$）、混合硒 / 硫甲基化物质、二甲基硒硫醚（DMSeS、$CH_3SeSSCH_3$）和二甲基二硒硫醚（DMDSeS、$CH_3SeSeSCH_3$）。在土壤和沉积物中发现的主要硒甲基化生物是细菌和真菌，而水生环境中活跃的硒甲基化生物则是细菌。

如果硒的最初形态是硒氧阴离子或单质硒，硒的甲基化需同时涉及还原和甲基化反应。目前，已经提出多种硒生物甲基化的通路，且可能会涉及中间体。硒甲基化通路最先由 Challenger（1945）提出，其指出真菌对 SeO_3^{2-} 的甲基化要经过四步最终形成 DMSe，涉及 Se 原子的甲基化和还原。Reamer 和 Zoller（1980）报道在土壤和污泥中，无机硒复合物（SeO_3^{2-} 或 Se^0）被微生物转化为 DMDSe、DMSe 和二甲基硒酮。在这个通路中，甲硒离子中间体可以形成甲硒醇或甲硒酸，之后被还原为 DMDSe。当 SeO_3^{2-} 浓度较低时（1～10 mg/L），DMSe 是主产物，当 SeO_3^{2-} 浓度较高时（10～1000 mg/L），DMDSe 或二甲基硒酮是主产物，而将 Se^0 添加到污泥中，DMSe 是唯一产物。

Zhang 和 Chasteen（1994）的研究发现，培养基中添加二甲基硒酮和添加 SeO_4^{2-} 相比，耐硒荧光假单胞菌（*Pseudomonasfluorescens*）K27 培养物产生更多的 DMSe 和 DMDSe。这表明，二甲基硒酮可能是硒氧阴离子还原和甲基化的中间体。

Doran（1982）提出土壤棒状杆菌（*Corynebacterium*）对无机硒的甲基化首先是 SeO_3^{2-} 被还原为 Se^0，之后 Se^0 被还原为硒化物，硒化物甲基化形成 DMSe。尽管硒化氢和甲烷硒醇未被确定为中间体，但在其他研究中已提出硒化物和甲烷硒醇作为中间体的作用。

Pseudomonas syringae 的细菌硫嘌呤甲基转移酶（bTPMT）利用 S-腺苷甲硫氨酸（SAM）作为甲基供体催化甲基转移反应，赋予大肠杆菌（*Escherichiacoli*）将 SeO_3^{2-} 转化为 DMSe 和硒代甲硫氨酸或将（甲基）硒代半胱氨酸转化为 DMSe 和 DMDSe。将从淡水分离的 *Hydrogenophaga* sp. 的甲基转移酶基因（*amtA*）转入大肠杆菌（*E. coli*）中，其能产生 DMSe 和 DMDSe。

Doran 和 Alexander（1977）从富硒黏土中分离到以 DMSe 为唯一碳源和能源而生长的假单胞菌（*Pseudomonas*）、以 DMDSe 为唯一碳源和能源而生长的黄单胞菌（*Xanthomonas*）和棒状杆菌（*Corynebacterium*）。然而，甲基化硒化合物的分解途径，可能涉及此类生物的去甲基化，目前尚不清楚。在缺氧沉积物中，DMSe 能快速去甲基化，DMSe 可能被沉积物中的微生物

（产甲烷和硫还原细菌）通过类似于淡水和河口沉积物中二甲基硫（DMS）降解的途径厌氧转化为甲烷、CO_2 和硒化氢。

6.2 硒在微生物中的功能

硒磷酸合成酶（SelD）是 3 种不同硒利用方式的重要标志。一些原核生物拥有 2 种甚至 3 种依赖硒磷酸合成酶的硒利用方式。

首先，硒是唯一出现在 DNA 编码的蛋白质氨基酸中的其他非金属，即 SeCys，"第 21 个氨基酸"，其比半胱氨酸活性更强。硒蛋白，即共翻译携带 SeCys 的蛋白，存在于大多数细菌门中，特别是在厌氧、嗜热或宿主相关生物中。在大约 90 个原核生物硒蛋白家族中，一些分类群仅包含一种蛋白质，而 δ - 变形菌则可以达到 35 种以上。在真核生物中，已在藻类、变形虫、纤毛虫和卵菌中检测到硒蛋白。

SelD 本身是一种硒蛋白或含半胱氨酸，在细菌硒蛋白中是第二多的一种。到目前为止，最普遍的是甲酸脱氢酶，一方面参与二氧化碳的固定；另一方面与甘氨酸还原酶和脯氨酸还原酶一起，表明对能量产生途径的重要性。下一个最丰富的硒蛋白参与抗氧化防御、氧化还原循环和氧化还原稳态（如过氧化还原蛋白），尽管 "HesB" 与铁硫簇的形成有关。*Clostridium* 在发酵过程中使用 SeMet 生成丁酸。在真核生物中，内质网稳态所需的硒蛋白 K 是分布最广的硒蛋白。除硒磷酸合成酶外，大多数其他酶都具有抗氧化作用。

其次，硒是原核生物中 tRNAs 修饰碱基的一部分，这些原核生物主要以需氧、水生或嗜冷的方式生活。5- 甲基氨基甲基 -2- 硒尿苷占据了携带赖氨酸、谷氨酰胺和谷氨酸的 tRNA 的反密码子的第一个位置。据推测，这增强了对双重嘌呤末端密码子的碱基对的区分，从而提高了翻译准确性。

最后，硒被原核生物用作钼羟化酶和至少一种其他蛋白质的辅助因子，尤其是当微生物以厌氧或与宿主相关的方式生活。依赖硒的钼羟化酶包括嘌呤羟化酶和黄嘌呤脱氢酶，它们都参与嘌呤分解代谢及烟酸脱氢酶启动烟酸（维生素 B_3）的发酵。

6.3　微生物硒代谢的应用

6.3.1　硒生物修复

随着工农业化的进程，大量的硒（SeO_4^{2-} 或 SeO_3^{2-}）被释放到环境中，对水生和陆生环境构成了威胁。每年产生 2700 吨硒，而只有 15% 被循环利用。硒污染修复需要巨额成本，因此，需要开发高效、环保、经济的硒污染修复方法，并在可能的情况下回收这种有价值的元素。硒生物修复技术是一种可行的、环境友好型方法，微生物被用来修复硒污染环境越来越受到重视，并在硒污染土壤、沉积物和水体中得以应用。

植物修复硒污染土壤是一种可靠的策略，这些富硒植物组分可充当饲料或以硒肥添加到缺硒土体中。微生物能够提高植物对硒的耐性及吸收量。例如，从十字花科沙漠王羽（*Stanleya pinnata*）和豆科黄芪（*Astragalus bisulcatus*）中分离到的内生耐硒和硒还原细菌能够促进植物的生长。真菌 *Fusarium acuminatum* F30 促进了黄芪中 SeO_3^{2-} 从根向茎部的运输。从超富集植物 *A. bisulcatus* 分离到的内生真菌链格孢菌（*Alternaria tenuissima*）在培养基中将 Se^{6+} 和 Se^{4+} 还原成 Se^0 和有机硒，降低了硒对植物的毒性，影响植物修复硒的特性。这些参与硒还原和甲基化的微生物将有助于提高富硒土壤中硒植物修复的效率。

将 SeO_4^{2-} 呼吸细菌 *Thauera selenatis* 用于实验室规模的生物反应器中含硒氧阴离子的炼油厂废水处理，结果显示，其减少了 95% 的可溶性硒（开始浓度为 3.7 mg/L）。Fujita 等以乳酸盐为电子供体，对 SeO_4^{2-} 还原细菌芽孢杆菌（*Bacillus* sp.）菌株 SF-1 在缺氧连续流动生物反应器中进行了测试，测试该菌株在稳定条件下对废水中硒（41.8 mg/L）的去除率。在较短时间（2.9 h）内，系统能有效去除 SeO_4^{2-}，当延长反应时间，更多的硒被还原为

Se^0，当反应时间达到 92.5 h，高于 99% 的硒转化为 Se^0 且 Se^0 的产生速率是 0.45 mg/L·h。硒还原菌 *Pseudomonas stutzeri* NT–I 也被有效地用于在 256 L 中试规模生物反应器中通过还原为元素硒对含硒炼油厂废水进行生物修复。

由于一些藻类可以挥发大量的无机硒化合物，藻类硒化合物甲基化提供了一种从水体中去除硒的可能方法。小球藻（*Chlorellavulgaris*）在 72 h 内从小型水体中去除了 96% 的硒（1.58 mg/L）。通过这种方法，高达 61% 的硒挥发到大气中而被去除，这表明在对构建的湿地系统硒生物修复过程中可以用藻类进行预处理。

6.3.2 微生物类硒产品

硒除了作为环境污染物引起的问题外，还是人类和动物必需的微量营养元素，具有多种重要的生物学功能。我国 7 亿多人口存在不同程度的硒摄入不足，是国际公认的"缺硒大国"之一，据中国营养学会调查，我国人均硒摄入量普遍偏低，每日为 26～32 µg，远低于 50～250 µg。人体主要通过饮食摄入硒，而植物硒是摄入硒的主要来源，微生物硒强化则在一定程度上能提高植物对硒的吸收，改善人均硒摄入量。

Huang 等通过盆栽实验将 Se^{4+} 还原细菌菌株 *Chitinophaga* sp. 和 *Comamonas testosteroni* 接种于水稻上，其通过增加土壤中有效态硒提高了水稻中硒的积累。此外，内生硒还原细菌可能参与硒的转化，从而促进硒在植物中的积累。Xu 等用注射器将 Se^{6+} 还原细菌 *Herbaspirillum* sp. 接种到生长在含硒土壤的茶叶幼苗中，与对照组相比，茶叶叶片硒含量显著提高。Zhu 等的研究也发现，硒氧化农杆菌（*Agrobacterium* sp.）T3F4 能稳定地定植在土壤中，将其添加到土壤中，能显著提高植物对硒的吸收。

王浩然等将微生物富硒菌肥喷施于莴苣不同品种（安妮、北紫生二号和北紫生三号）叶面上，结果显示，该菌肥有效增加了莴苣的单株质量、硒含量、维生素 C 和蛋白质含量。同样地，叶面喷施微生物富硒菌肥能有效提高快菜单株质量、主根长度、叶片长度、硒含量、可溶性蛋白含量与维生素 C 含量。Acuna 等研究表明一些植物根际促生菌具有强耐受硒的能力，可将氧化态的硒还原为硒纳米颗粒，吸附在胞外或积累到胞内。将该菌接种到植物根部，可以促进土壤中的硒由地下部向地上部叶片内转移，其在增强植物硒吸收的同时也表现出促生效应，与对照组相比，实验组植株生物量和果实品质明显提升。

6.4 小结

本章从微生物对硒的还原、氧化、甲基化和去甲基化等方面概述了其对硒的代谢机制，介绍了硒在微生物中的 3 个功能及探讨了针对环境中硒含量多少微生物硒代谢的应用。

从中可以看出，微生物对硒在生物地球化学循环中起到了不可替代的作用。然而，仍有些许问题待解决。

① SeO_4^{2-} 能够被微生物异化还原为 SeO_3^{2-}，再进一步还原为硒单质。然而，是否存在能将 SeO_4^{2-} 直接还原为单质硒的微生物？

②不同微生物对 SeO_4^{2-} 或 SeO_3^{2-} 还原的终产物不尽一致，是什么原因导致的？是否与微生物本身、反应底物、反应底物浓度及过程的通气量等因素有关？是与单一因素有关还是与多种因素有关？

③相较于硒还原微生物，硒氧化微生物的种类和数量较少，是什么原因造成的这一结果，其中涉及的机制又是什么？

④硒生物甲基化过程中涉及的中间体除了二甲基硒酮、硒化物、甲烷硒醇，还有哪些中间体？甲基化硒化物的分解途径又是怎样的？

⑤在土壤硒生物修复过程中，微生物介导植物的实际修复效果到底能达到什么程度？微生物在植物根际定植的效率如何？对其他微生物的生存是否产生一定的影响？在水体中硒生物修复过程中，微生物对水体中硒的固化稳定性如何？是否存在固化后再溶解的情况？又该如何解决这一问题？

⑥微生物富硒肥料只能强化某一种植物吸收硒，还是对多种植物都有效？强化效率多高、效果多大，在实际的应用性如何等。

⑦微生物介导植物硒生物强化的机制是什么？由哪些因素决定？是单一因素决定还是多种因素共同决定？如果是多种因素，哪些因素是主要因素，哪些是次要因素？

第七章 硒的检测

近年来，硒的检测技术随着含硒样品种类的不同越来越多，硒检测技术对于检测结果的精度、速度及成本等的要求越来越高。目前，文献报道的用于无机硒和有机硒的检测通常有石墨炉原子吸收法、氢化物原子荧光光谱法、火焰原子吸收光度法、分光光度法、荧光法、液相色谱法、气相色谱法、电感耦合等。不同的分析检测方法各有其特点。

从富硒产品角度来看，人体食用富硒产品的生物利用率一定程度上也是由含硒化合物的种类和含量所决定的，不同含量与化学形态的硒对人体的吸收、生物效应、毒性及防癌功效影响不同。因此，快速、准确地检测出食品中硒的含量，对于保障食品安全、提高人民健康水平具有重要意义。

7.1 生物体内硒的主要存在形式

生物体内硒的存在形式包括无机态与有机态两种，无机态硒在生物体内的含量占总硒含量的 2.48%～6.24%。因此，生物体内硒的绝大多数是以有机硒的形态存在的，包括硒代氨基酸、SeCys、含硒蛋白、硒核酸、硒多糖等（表 7-1）。其中，SeMet 和 SeCys 是生物体内硒化物的主要存在形式，SeMet 可作为蛋氨酸的替代物而被纳入非特异性蛋白组成中，并在生理生化功能上起到重要作用。

表 7-1　几种常见的硒化物及其结构式

中文	英文	结构式
硒代半胱氨酸	Selenocysteine	HOOC–CH（NH$_2$）–CH$_2$–Se–Se–CH$_2$–CH（NH$_2$）–COOH
硒甲基硒代半胱氨酸	Se–methylselenocysteine	HSe–CH$_2$CH（NH$_2$）–COOH
硒甲基硒代蛋氨酸	Se–methylselenomethionine	（CH$_3$）$_2$–Se$^+$–CH$_2$–CH$_2$–CH$_2$–CH（NH$_2$）–COOH
硒代蛋氨酸	Selenomethionine	CH$_3$–Se–CH$_2$–CH$_2$–CH$_2$–CH（NH$_2$）–COOH
硒脲	Selenourea	（NH$_2$）$_2$C=Se

7.2　总硒检测的国标方法

食品中总硒的检测方法可依据 2017 年颁布的《食品安全国家标准　食品中硒的测定》（GB 5009.93—2017），该标准主要规定了 3 种方法，具体如下。

①氢化物原子荧光光谱法。该方法是指将硒元素的原子蒸气在一定波长的辐射能激发下发射的荧光强度进行定量分析。原子荧光的波长在紫外—可见光区，优点是灵敏度高、谱线简单、在低浓度时校准曲线的线性范围宽达 3～5 个数量级，特别是用激光做激发光源时更佳。由于方法简便快速、灵敏度高、仪器设备性价比较高，已经逐步成为近年来食品中总硒含量测定的主要方法之一，并被广泛应用于包括面粉、果蔬、水产品、饮用水等食品中的总硒含量检测，该方法定量限为 0.006 mg/kg（或 0.006 mg/L）。

②荧光分光光度法。该方法是根据硒元素的荧光谱线位置及其强度进行鉴定和含量测定。由于不同的物质其组成与结构不同，所吸收的紫外—可见光波长和发射光的波长也不同，同一种物质应具有相同的激发光谱和荧光光谱，将未知物的激发光谱和荧光光谱图的形状、位置与标准物质的光谱

图进行比较，即可对其进行定性分析。该方法的特点是灵敏度高、选择性强、重现性好、样品用量少和操作简便。但由于该方法所用的部分试剂，如2,3-二氨基萘（DAN）有致癌性，故在应用上有一些限制。该方法定量限为0.03 mg/kg（或0.03 mg/L）。

③电感耦合等离子体质谱法。该方法可利用微波消解对样品进行前处理，并使用ICP-MS技术检测食品中硒元素含量，具有灵敏度高、检测速度快、谱线简单、抗干扰能力强、精密度高等优点。该方法所使用设备及维护费用较为昂贵，通常在科研机构或大型第三方检测机构中应用较为广泛。该方法对于固体样品总硒定量限为0.03 mg/kg，对于液体样品总硒定量限为0.01 mg/L。

7.3 生物体硒化合物的提取

富硒产品与生物体中硒大部分以生物活性大分子如蛋白质、核酸和多糖结合的形式存在，因此，要实现硒形态分析的前提是要将这些硒化合物从样品中有效提取出来。

硒形态提取方法目前包括液相萃取、液相微萃取和固相微萃取等。液相萃取主要包括水提、酸提、碱提及酶解提取等，并常与微波消解技术、超声波等辅助方法结合以提高提取效率，这些提取方式必须要在高效提取硒化合物的同时，有效保证这些易分解化合物的形态学稳定，保持其原有形态不变，这就使得其前处理方式要比检测总硒含量时所用的前处理方式要求更高。

7.3.1 硒蛋白提取

生物样品根据分析目的的不同，往往采用不同的前处理方式。硒蛋白的提取就是把机体中以各种形式存在的硒蛋白分离出来，使其成为合适的分析形式，目前硒蛋白常用的提取方法有超声辅助提取法、微波辅助法、碱提法、酶提法和Osborne分级分离法等，部分农产品前处理方式如表7-2所示。

表7-2　部分农产品前处理方式

序号	样品类型	提取方式	前处理试剂	提取过程	检测仪器
1	大米	酶解法	链霉蛋白酶E	于50℃恒温振荡18 h	HPLC-HG-AFS
2	小米、大米、玉米、大豆、西蓝花、碎米荠等	酶解法	蛋白酶K、蛋白酶XIV	蛋白酶K于50℃恒温振荡18 h，重复加酶震荡6 h；加蛋白酶XIV于37℃恒温震荡18 h	LC-UV-HG-AFS
3	茶叶、灵芝孢子	酶解法	蛋白酶XIV	蛋白酶XIV于37℃恒温水浴，摇床上震荡7 h	HPLC-ICP-MS
4	花菇	酶解法	胃蛋白酶、蛋白酶K	胃蛋白酶于37℃恒温震荡12 h；蛋白酶K于50℃恒温振荡24 h	HPLC-HG-AFS
5	菊苣	酶解法	蛋白酶XIV	蛋白酶XIV于37℃震荡7 h	HPLC-UV-AFS
6	韭菜	酶解法	蛋白酶K、蛋白酶XIV	加入蛋白酶K于50℃搅拌15 h后，加入蛋白酶XIV于50℃搅拌15 h	HPLC-ICP-MS
7	葱	碱提法、酶解法	氢氧化钠、蛋白酶E	室温振荡24 h	HPLC-ICP-MS
8	富硒酵母	酶解法	胰蛋白酶、蛋白酶XIV	50℃恒温水浴48 h	HPLC-HG-AFS
9	猪肉（精肉）	酸提法、酶解法	柠檬酸、蛋白酶K	柠檬酸法：70℃恒温震荡过夜；酶解法：37℃恒温震荡4 h	HPLC-ICP-MS

　　李瑶佳利用 Osborne 分级分离法依次使用 75% 乙醇、0.5 mol/L NaCl、二次去离子水和 0.1 mol/L NaOH 对苦荞籽粒中的醇溶性、盐溶性、水溶性和碱溶性硒蛋白进行提取，在这期间对样品与提取溶剂混合物在 40 ℃时超声 2 h，使用同一溶剂连续提取 2 次，将提取液合并后离心 10 min（转速 4000 r/min），上清液使用 0.45 μm 微孔滤膜滤过，滤过液加入硫酸铵至饱和，低温析出蛋白后，二次离心取沉淀透析，透析液减压浓缩后使用去离子水定容，会依次

得到醇溶性、盐溶性、水溶性和碱溶性硒蛋白待测液，测量其蛋白含量和硒含量，最后成功得出苦荞籽粒中 80％以上的硒转化为蛋白结合形态。

秦冲等使用微波辅助酶法对富硒小麦中的有机硒进行提取，使用美国 CEM 公司的 MARS 微波消解系统，加入蛋白酶 XIV 和超纯水进行微波萃取，萃取液离心后过水性滤膜，并使用 HPLC-ICP-MS 进行了硒形态检测，成功分离出富硒小麦中 SeO_3^{2-}、SeO_4^{2-}、SeMet、SeCys2 四种硒形态。

酶解法是目前应用最多的，常用于酶解的蛋白酶有蛋白酶 XIV、蛋白酶 K、蛋白酶 E 和胃蛋白酶等，这些蛋白酶会将硒蛋白中的蛋白质肽键酶解，硒代氨基酸会被分离出来，相比于无机提取，酶反应条件相对温和，硒形态不易被破坏。

王欣等分别对比了使用蛋白酶 K 和蛋白酶 XIV 对富硒大米、富硒酵母、富硒茶叶和富硒灵芝孢子粉中硒形态提取的效率，发现使用蛋白酶 XIV 时，SeMet 提取效果最佳，通过优化蛋白酶 XIV 提取条件，摸索出 37 ℃、7 h 最佳酶解条件，在富硒玉米中成功提取分离出 Se^{4+}、Se^{6+}、SeMet、SeCys2、SeUr、SeEt 六种硒形态。方勇使用蛋白酶 K 对大蒜中的硒蛋白进行提取，得到了其主要硒形态是 Me-SeCys。高俞希使用蛋白酶 E 在弱碱性条件下研究超声时间对富硒酵母中硒代蛋白提取率的影响，并发现超声 0.5 h 时，蛋白提取率最高。Gergely 使用蛋白酶 XIV 对杏鲍菇中的硒蛋白进行酶解，得到硒代氨基酸，然后利用超声浓缩辅助提取缩短提取时间，这种方法在后期得到了普遍应用，将杏鲍菇中硒蛋白提取率由 73.68％提升到了 86.04％，该方法不仅缩短了实验周期，最主要是避免了提取时间过长导致的硒形态改变。

7.3.2　硒多糖提取

生物体中硒多糖提取一般先要将样品粉碎，然后使用有机溶剂如甲醇、石油醚等有机溶剂将已经粉碎的样品进行脱脂脱酮干燥，再使用超声、蛋白酶或者微波进行样品的二次辅助破碎，最后使用弱碱进行硒多糖的粗提取，提取后使用 Sevga 法、三氟三氯乙烷法或三氯醋酸法进行粗多糖纯化，去除杂蛋白，再通过透析除去其他小分子杂质。Wang L. 在 2019 年对中国贵州刺梨果实中的硒多糖 RTFP-3 进行了提取，使用试剂盒得到粗提多糖 5 mL，并依次用蒸馏水和 NaCl 洗脱，之后透析得到多糖混合物，使用 VC 还原后再次透析，使用电感耦合等离子体原子发射光谱（ICP-AES）检测最终透析液，检测没有发现游离硒时，得到纯化的 RTFP-3 硒多糖。

7.3.3   硒核酸提取

硒核酸在植物中含量少，分离纯化难度大，一般提取方法是从植物样品使用试剂盒粗提核糖核酸，使用氢化物原子荧光光谱法检测其中是否有硒，然后使用高效液相色谱（HPLC）等色谱技术进一步纯化分离。

生物体中有机硒的提取直接影响后期的检测，提取方法的选择、提取条件的优化十分关键。机体有机硒提取方法具有特异性，不同生物种类或不同的有机硒形态，往往使用不同的提取条件和提取方法，如提取溶剂 pH 值、缓冲液、酶解蛋白等，但目前最普遍、最有效的植物硒化合物提取方法还是使用蛋白酶酶解后超声缩短提取时间，然后进行后续分析。总之，样品前处理至关重要。

7.4   生物体硒化合物的分离与检测技术

生物体硒形态定性和各形态定量的前提是通过实验手段有效将机体硒提取液进行处理，使各组分实现时间和空间上的分离，再采用灵敏度高的检测器进行定性定量分析。目前常用的硒形态分离手段有排阻色谱（SEC）、毛细管电泳色谱（CE）、离子交换色谱（IEC）和气相色谱（GC）。经色谱分离后，需要进一步进行硒形态检测，检测技术往往选用元素专一性强、线性范围宽、检测限低的手段，如紫外—可见光分光光度计（UV）、质谱（MS）、原子荧光光谱（AFS）等，这些技术可以有效地排除机体中结构相似但不含硒的化合物。

随着分析领域仪器设备接口技术的提高，目前出现许多联用技术，已经不需要人工进行硒形态分离后再检测，而是直接将高选择性的分离色谱技术和高灵敏度的光谱检测技术连接。常用的联用分析方法有高效液相—电感耦合等离子体质谱（HPLC-ICP-MS）、毛细管电泳—电感耦合等离子体质谱（CE-ICP-MS）、高效液相—氢化物发生—原子荧光光谱（HPLC-HG-AFS）、高效液相—电喷雾质谱（HPLC-ESI-MS）、高效液相—电感耦合等离子体原子发射光谱（HPLC-ICP-AES）和 X 射线衍射技术（XRD）等，常见硒检测方法的比较如表 7-3 所示。

表 7-3　常见硒检测方法的比较

序号	分析方法	方法优、缺点
1	气相色谱—串联质谱法	只能对样品中的一种或者两种有机硒进行测定，需对样品进行衍生处理，过程较为烦琐
2	高效液相色谱法	只能对样品中的一种或者两种有机硒进行测定，需对样品进行衍生处理，过程较为烦琐
3	电化学法	只能对样品中的一种或者两种有机硒进行测定
4	高效液相色谱—三重四极杆质谱法	只能对样品中的一种或者两种有机硒进行测定
5	高效液相色谱—串联电感耦合等离子质谱法	分离能力强、灵敏度高、分析速度快等，被广泛应用于硒形态研究
6	氢化物原子荧光光谱法	灵敏度高，重现性好，分析速度快，操作简便，但进样量大
7	荧光分光光度法	操作简便、快捷，但需要在测定前消除荧光杂质，控制好空白值
8	紫外—可见分光光度法	操作简便、高效、精密度高，但检出限较差
9	石墨炉原子吸收光谱法	灵敏度较高、检出限较低，但基质干扰大
10	电感耦合等离子体发射光谱法	检测方便、检测样品量大、稳定性好、线性范围宽、仪器操作简便、可同时进行多元素的检测，但基质干扰大
11	电感耦合等离子体质谱法	灵敏度高、检出限低、适合痕量元素、线性范围宽、仪器操作简便、可同时进行多元素的检测，但设备贵、基质干扰大

7.4.1　紫外光谱法（UV）

UV 仪器稳定，操作简单，实验条件要求相对较低，分析速度快，成本低廉。但此检测方法用于硒形态检测需要显色剂与硒结合，产物经过分离浓缩后，方可使用该方法检测。UV 只用于总硒含量测定，无法测定有机硒形态，因为在酸性条件下可以用无机硒离子 Se^{4+} 与显色剂结合，从而产生光吸收。常用的显色剂有 4- 硝基邻苯二铵、3,3- 二氨基萘、结晶紫和罗丹明 B 等。叶林等使用 UV 检测海产品中的硒，实验条件是 4- 硝基邻苯二铵和 Se^{4+} 络合显色，以甲酸调节 pH 值，用有机溶剂甲苯萃取络合产物，在 349.5 nm 处测定吸光度，乙二胺四乙酸（EDTA）消除 Fe^{3+} 的影响，检出限为 0.6 g/mL。李岱以 3,3- 二氨基萘络合 Se^{4+}，用甲苯萃取，在 429 nm 处有最大吸收，成功测定香菇中的总硒含量，RSD 小于 3%，回收率在 98%～101%。陈戈等利用 Se^{4+} 的氧化性，将 I^- 氧化为 I_2 再与过量 I^- 形成 I_3，与结晶紫络合显色，在表面活性剂阿拉伯胶辅助下，使用 UV 测量了矿泉水中的硒含量。罗丹明 B 做染色剂时，一般使用吐温 -100 作为表面活性剂，这样不但增加了络合物的溶解度，便于萃取，提高了灵敏度，而且减少了测量过程中络合物沉淀导致的吸光度测定不准确，受限于无法对有机硒形态定量定性，目前已较少使用。

7.4.2　气相色谱—质谱联用（GC-MS）

GC 应用于挥发硒的分离，对于硒代氨基酸和其他有机硒等非挥发性化合物，必须先将其转化为气态才能进行分离检测，一般是用衍生法增加其挥发性，而挥发硒状态如无机硒（Se^{4+}、Se^{6+}）、二甲基硒（DMSe）、二甲基二硒（DMDSe）、二乙基硒（DESe）、二乙基二硒（DEDSe）适合用该方法分离，Gómez 等对水沉积物使用 GC-MS 成功检测出无机硒 Se、DMSe、DMDSe、DESe、DEDSe 5 种挥发硒形态。

7.4.3　高效液相—电感耦合等离子体质谱（HPLC-ICP-MS）

HPLC 是近年来广泛使用的分离技术，也是硒形态分离检测中最常用的手段。由于其操作简单方便、柱效高、分离能力强、所需实验样品量少、灵敏度高等一系列优点，是目前生物体硒形态分析最常用的方法。硒形态分离常用的 HPLC 方法有离子交换色谱（IEC-HPLC）、反相离子对色谱（RP-IPC-HPLC）、体积排阻色谱（SEC-HPLC）等。IEC-HPLC 是通过离子交换分离机制将亲水性的阴阳离子在流动相的淋洗作用下，进行有序分离。Larsen 等使用 IEC-HPLC-ICP-MS 成功分离出 12 个标准硒样品混合物，实验中流动相使用了 pH=3 的吡啶甲酸盐，分离阳离子；阴离子交换时，更换流动相为 pH=8.5 的水杨酸 –Tris，分离阴离子，并成功将此方法用于分析酵母和海藻。2019 年张春林等使用 RP-HPLC-ICP-MS 对富硒酵母进行分离检测，实验条件是流动相 pH=5.7 的 2.5% 甲醇水溶液、$NH_4H_2PO_4$ 和四丁基溴化铵混合溶液，流速为 1.5 mL/min，进样体积 100 μL，成功分离并检测出 7 种砷和硒的形态，其中硒形态有 Se^{4+}、SeMet 和 SeCys，回收率达到了 81%。王丙涛采用 HPLC-ICP-MS 从食品中成功分离分析出 5 种硒形态。李艳萍等使用 RP-IPC-HPLC-ICP-MS，对比了分别用磷酸氢二钾和柠檬酸为流动相时，分离出水体中硒形态的区别，结果表明柠檬酸为流动相时，650 s 内完成了 4 种硒形态的分离，分别是 SeO_3^{2-}、SeO_4^{2-}、SeCys2 和 SeMet，而磷酸二氢铵只能分离出 3 种硒形态，无法有效分离出 SeO_4^{2-}。后期实验中，该研究组以柠檬酸为流动相（pH=4，20 mmol/L）600 s 内分离出 SeO_4^{2-}、SeO_3^{2-}、SeCys、SeMet、SeUr 和 MeSeCys，但由于 SeO_3^{2-} 和 MeSeCys 色谱峰出现重叠，无法有效分离。

SEC-HPLC 又称凝胶色谱，是分离机体中高分子化合物的常用方法，由于排阻色谱理论塔板少、分离能力弱，只能用于分离分子量相差较大的化合物，这导致它只用于生物体硒形态分析中的初步筛分，要与其他选择性更强的技术联用。方勇等用 SEC-HPLC 成功得到富硒大米中 4 个硒蛋白的分离峰。

陆秋艳等采用 RP-IPC-HPLC，使用（pH=4.4）柠檬酸 + 己烷磺酸钠体系为流动相，流速为 1.0 mL/min，ICP-MS 检测分离结果，成功使用 HPLC-ICP-MS 在 7.5 min 内完全分离水样中 Se^{6+}、Se^{4+}、SeMet、SeCys2、MeSeCys、SeEt、SeUr 等 7 种不同形态元素。线性相关系数均大于 0.9995，精密度均在

10% 以内，加标回收率为 76.9%～106.2%。

季海冰等同样利用 HPLC-ICP-MS 建立了测定环境水样中 5 种形态硒（SeO_4^{2-}、SeO_3^{2-}、SeCys2、MeSeCys、SeMet）的方法。分析流程为：水样过 0.22 μm 微孔滤膜，滤液注入色谱柱（C8 柱），以 0.1% 七氟丁酸 +20 mmol/L 磷酸二氢钾 +5％甲醇混合溶液为流动相，1.2 mL/min 流速进行等度洗脱。5 种形态硒在 10 min 内可实现完全分离。

何巧使用 RP-HPLC-ICP-MS 建立了以蛋白酶 XIV：富硒大米样品 = 1∶10 比例酶解样品后提取其中的有机硒，研究发现酶解最佳时长为 10 h，以乙酸铵 + 甲醇 + 四正丁基氢氧化铵（TBAH）为流动相，19 min 成功分离出 SeCys、MeSeCys、SeMet、Se^{4+} 和 Se^{6+} 5 种硒形态，方法线性和精密度良好。

7.4.4　毛细管电泳—电感耦合等离子体质谱（CE-ICP-MS）

毛细管电泳是一种高效分离技术，以双电层为基础，电场力为驱动力，理论塔板数每米可以达到几十万甚至上百万个，分离速度快，柱效很高。分离条件温和，分离效率高，抗干扰能力强，不存在固定相，因此，可以完整保留待测物质的形态，同一元素只要其结构或者电荷有差别，均可将其分离开来。2018 年王泽邦将虾肉样品使用 3∶1 甲醇水溶液微波辅助提取后，离心，然后用氮气吹干，超纯水稀释后过 0.22 μm 滤膜，利用 CE 分离，采用 ICP-MS 对其形态分析，成功检测出 Se^{6+}、SeCys2 和 SeMet 3 种硒形态。Sun 等使用 CE-UV 成功鉴定了 Se^{4+}、Se^{6+}、SeCys、SeMet 和硒代胱胺（SeCM）。Albert 使用毛细管电泳技术成功分离出 Se^{4+}、Se^{6+}、SeCys、SeMet。

7.4.5　高效液相—氢化物发生—原子荧光光谱（HPLC-HG-AFS）

HPLC-HG-AFS 是目前最常用的硒元素总量测定方法，操作简单、线性范围宽、精密度和灵敏度高，可以满足生物体硒分析测定的要求。胡文彬等采用 HPLC-HG-AFS 测定富硒大米中的 SeMet、SeCys2、SeMeSeCys、SeO_4^{2-}、SeO_3^{2-}，利用蛋白酶 E 对富硒大米样品水解超声，以磷酸氢二铵 + 四丁基溴化铵＋甲醇作为流动相，甲酸调节 pH=5.8～6.0，用 HPLC 分离后使用 HG–AFS 测定，成功定量。庄宇以 pH=4.5 的柠檬酸作为流动相，成功对市售茶叶进行了有机硒的分离和检测。

李哲利用 HPLC 分离，紫外在线消解，然后利用 HG-AFS 检测，以蛋白酶 E 作为提取酶，成功提取分离和检测了外源硒处理后的小麦和小白菜中的 5 种硒形态：SeCys2、MeSeCys、Se^{4+}、SeMet 和 Se^{6+}，证明了小麦比小白菜具有更好的富硒和转化无机硒为有机硒的能力。

艾春月使用胃蛋白酶模拟消化茶叶，利用透析袋分离了有机硒和无机硒，Osborne 分级分离提取，并且建立了 HG-AFS 测量蛋白液中的有机硒和无机硒含量，得到了茶叶中 4 种有机硒蛋白分布规律：碱蛋白＞盐蛋白＞醇溶蛋白＞水溶蛋白，而且还对华东、华南、华中、西北和西南 5 个地区的 19 个茶叶样品进行了对比，得到了总硒和有机硒在茶叶中的分布以华东地区最高、华南地区最低，但生物利用度并无明显差异。

王婷婷以土壤富硒的形式培养得到富硒葡萄，使用微波密封消解后，采用 HG-AFS 对其中的硒形态分析，成功检测出 SeCys2、SeMet、SeMeSeCys，葡萄内没检测出无机硒，这说明葡萄将土壤中的无机硒通过自身代谢转化为有机硒，这种对果实富硒的方法安全可靠。

龚如雨等利用 AFS 对江西典型长寿区宜春市温汤大米为研究对象，使用胃蛋白酶辅助提取，发现该地区大米总硒含量并不高，但硒代蛋氨酸 SeMet 的比例相对于其他学者研究的较高，达到了 65.63%。

7.4.6 高效液相—电喷雾质谱（HPLC-ESI-MS）

钟洪禄利用 HPLC-ESI-MS，通过液相色谱与质谱联用技术对富硒花生中的硒形态进行研究，分析出不同施硒浓度下，花生中有机硒和无机硒的分布规律，探讨了花生富硒对花生中各硒形态占总硒相对质量的影响，并分离测定了富硒花生中的 SeCys2、Na_2SeO_4、SeMeSeCys、Na_2SeO_3 和 SeMet，结果表明富硒花生中各硒形态含量关系为：SeMeSeCys ＞ SeMet ＞ SeCys2 ＞ Na_2SeO_4 ＞ Na_2SeO_3。

钟永生利用 HPLC-AFS 对富硒鸡蛋中硒形态进行了检测，成功测定了 5 种硒形态：SeMet、SeCys2、SeMeSeCys、Na₂SeO₄、Na₂SeO₃，并完成了定量。胡园园采用高效液相色谱串联质谱（HPLC-MS）法，以乙腈为流动相，滤液通过 HPLC 分离后，通过 ESI 喷雾离子源正离子化后，通过 MS 检测，准确检出并且定量了 SeMet。

吴钰滢以叶面施硒的方式成功培养出富硒葡萄，通过 ICP-MS 测定了富硒葡萄中硒总量和可溶态硒含量，并采用 HPLC-ESI-MS 测定富硒葡萄中硒代氨基酸的形态及含量，实验结果表明：施硒量与葡萄硒含量在一定范围内呈正相关，施硒梯度为 160 mg/kg 时，葡萄中 3 种 SeMet、SeCys2、SeMeSeCys 达到最大含量。

7.4.7　高效液相—电感耦合等离子体原子发射光谱（ICP-AES）

ICP-AES 是元素痕量、超痕量分析的技术，是激发光源为电感耦合等离子炬的光谱分析技术，灵敏度高、检出限低、准确度和精密度高。叶丽用高压密闭微波消解，以硝酸和过氧化氢为消解液，使用 SEC-HPLC 分离微量元素，以 ICP-ACE 为检测器，等离子气体流速为 1.5 L/min，辅助气体流速为 1.5 L/min，雾化器流速为 0.55 L/min，准确从鸡蛋中分离出 Ca、Fe、I、Mn、Cu、Se、Co 等多种微量元素，其中硒元素总量为 0.000 238 mg/g，检出限为 0.0792 ng/mL。

赵宇建立了利用 ICP-AES 分析测定苔藓植物中微量元素的方法，不同于前者的是，苔藓样品没有选用常用的微波消解液硝酸和过氧化氢，而是选用了 H₂SO₄ 和 HClO₄ 处理消解，大大提高了消解速率，但 H₂SO₄ 对雾化效率降低的影响实验中没有做出研究。

7.4.8　X 射线衍射技术（XRD）

XRD 是利用晶体物质中 X 射线会发生衍射的效应，对物质结构进行检测的技术。高能量 X 射线照射试样时，试样中的物质被激发，会产生二次 X 射线荧光衍射，而这些衍射遵循布拉格晶体衍射定律，可以根据衍射峰位对物质进行定性，测定谱线强度的积分以进行定量。该检测方法不损伤和消耗样品、快捷、穿透力强、精确度高，不但可以通过扫描对生物体硒进行三维立体定位，而且也可以用于硒形态的特征分析。张泽洲采用同步辐射 X 射线微区分析方法对取自湖北恩施硒矿区的微生物进行了原位分析，成功得到了硒形态空间分布图和形态数据，分析出传统间接化学提取法无法检测的 Se^0，并且得到其含量占到微生物总硒含量的 10.63%。

7.5 小结

　　硒元素作为痕量元素广泛存在于自然界的动植物体中，存在形态多样，而且各形态稳定性差，以及机体本身成分的复杂性等因素，这些都增加了机体中硒形态提取、分离纯化和检测的难度。本章通过对生物体硒的形态分析发现，样品前处理是关键，高效简洁的前处理方式可以有效避免硒形态在检测过程中的转化，同时也是整个后期实验结果是否准确的决定性因素。因此，根据待测生物样品种类的不同，以及对样品前处理方式的优化和探索，选择合适的提取方法，如 pH 调节剂、蛋白酶种类、提取溶剂等，是尤为重要的。

　　色谱分离技术高效实用，光谱分析技术灵敏度高，这两项技术的联用，使得硒形态分析越来越向着高效精准方向迈进，有机硒以其高效的生物学优势，成为检测分析重点，但目前所进行的工作均是将与大分子结合的硒通过酶水解后，对其纯化分离及检测，亟须寻找有效的技术手段，可以对硒蛋白等大分子进行准确的纯化和定量，这对后期单一有机硒生物学功能的确定，以及植物体内各种硒形态转化具有重要意义。生物体硒形态检测有助于富硒食品和富硒农产品的开发，这对我国作为中度缺硒国家，具有深远影响。

本章基于 CiteSpace 这种以定量分析为主的科学知识图谱的绘制软件，检索中国知识资源总库（CNKI）和 Web of Science（WOS）收纳的 1991 年 1 月 1 日至 2021 年 12 月 31 日所有与富硒相关的文献，探索该领域的发展现状和研究热点，为后续硒的相关研究领域奠定基础、提供参考。

8.1　资料与方法

8.1.1　文献来源及检索方法

在中国知识资源总库（CNKI）文献库中，检索条件设置为"主题（精确）"，检索词选定"富硒"，共检索出中文文献 9801 篇。在 Web of Science（WOS）文献库中，以"topic= selenium enrichment OR se-enriched"进行检索，共检索出英文文献 1709 篇。运用 CiteSpaceV6.1.R2 软件经 Data 项去重，共剔除中文文献 31 篇、英文文献 144 篇，最终纳入中文文献 9770 篇、英文文献 1617 篇。

8.1.2　纳入及排除标准

纳入标准：①富硒相关期刊及硕博论文；②富硒相关期刊论文。

排除标准：①报纸等社评及科普类文章；②文学及文学评论、艺术赏析等；③作者信息不全及与纳入标准无关文献。

8.1.3　数据处理

运用 CiteSpaceV6.1.R2 软件内置功能进行格式转换，采用 Office 2018 对导出的数据进行整理，CiteSpaceV6.1.R2 软件 Time Slicing（时间分段）为 1990 年 1 月至 2022 年 1 月，Years per Slice（时间切片）为 1 年；top N per Slice（阈值）为 50%，节点类型（Nodetype）为 Institution（机构）、Author（作者）、Keyword（关键词），修剪方式为 Path Finder 和 Prunning Sliced

Networks。根据以上设置进行可视化分析，生成富硒研究机构、作者及关键词的共现、突现、聚类等知识图谱。

8.2 结果与分析

获得 CNKI 文献共 9801 篇、WOS 文献共 1709 篇，按照纳入排除标准最终得到 CNKI 文献共 9770 篇、WOS 文献共 1617 篇。

8.2.1 发文趋势

自 1957 年 Schwartz 和 Flotz 首先认识到了硒的生物学作用后，20 世纪 80 年代国内开启了对富硒的研究。本章对 1991—2021 年发表的有关富硒的中英文发文量进行统计分析（图 8-1）。可见，富硒研究的中英文发文量总体呈上升趋势，中文发文量上升幅度远超英文发文量。以 2004 年为分界线，2004 年以前中文发文量处于缓慢上升期，之后呈迅速飙升状态，其中 2009—2017 年发文量激增，年发文量 > 300 篇。英文发文量自 2016 年后呈逐步增加趋势，年发文量 > 100 篇。

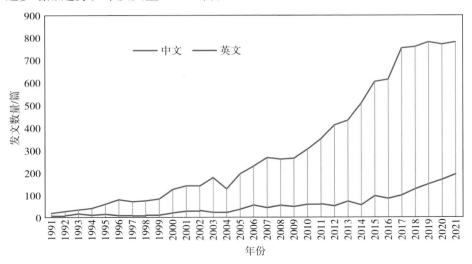

图 8-1 1991—2021 年富硒研究中英文发文量分布

8.2.2 作者共现网络分析

通过对 CNKI 和 WOS 文献的分析，以 Author（作者）为视图节点，以 N 代表纳入视图的作者数，E 代表合作关系数，$Density$ 代表网络密度。其中，纳入视图的中文文献作者有 1606 位，作者之间的合作关系有 2151 个，构成网络密度为 0.0017 的作者合作图谱，纳入视图的英文文献作者有 939 位，作者之间的合作关系有 1896 个，构成网络密度为 0.0043 的作者合作图谱（图 8-2、图 8-3）。网络中节点和字体的大小与发文量呈正比，节点之间的连线代表二者之间有合作关系。

图 8-2　富硒中文文献作者合作图谱

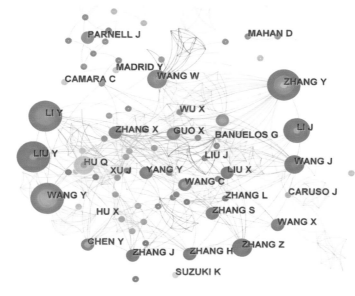

图 8-3　富硒英文文献作者合作图谱

　　中文发文量达到 10 篇及以上的作者有 62 位，其中前 5 位为邓正春（87
篇）、杨宇（49 篇）、吴平安（49 篇）、刘永贤（42 篇）和杜登科（40 篇）。
其中，中高产尤其是发文量排名前十的作者中作者多有合作。总体来说，形成
了以邓正春、刘永贤为中心的 2 个较大的关系团体。其中，邓正春等发文主要
围绕富硒生产与富硒农作物栽培，刘永贤等侧重农作物硒成分及含量等研究。

　　英文发文量达到 10 篇以上的作者有 11 位，其中前 5 位：Hu Qiuhui（25
篇）、Fang Yong（14 篇），研究多为富硒茶及水稻等抗氧化活性、细胞毒性
及硒含量等；Banuelos Gary S.（17 篇），研究多为有机硒、富硒土壤及植物
硒的提取等；Hu Bin（13 篇），多为无机硒的研究及其物种形成等；Madrid
Yolanda（13 篇），多为富硒食品、富硒植物和富硒酵母的研究。

8.2.3　发文机构共现网络分析

　　对中英文文献发文机构进行共现分析，其中中文文献发文量超过 10 篇
的机构有 26 个，南京农业大学位于首位，发文量最多。由可视化图谱可知，

1991—2021 年来富硒研究较多的机构位于江苏、陕西、湖北、四川和湖南，可能与陕西、湖南、湖北与四川存在富硒地区有关。纳入研究的国内机构有 642 个，连线 242 条，网络密度 0.0012，说明研究机构多且不同机构之间合作分散。从英文文献机构合作图谱来看，机构共计 623 个，连线 596 条，网络密度 0.0031，依旧存在合作关系疏散的现象（图 8-4、图 8-5）。研究发现，加强机构之间的交流合作是拓展该领域全方位深入研究的基础。

图 8-4　富硒中文文献机构合作图谱

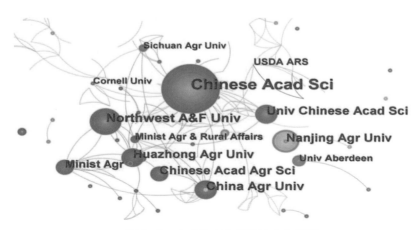

图 8-5　富硒英文文献机构合作图谱

8.2.4 发文期刊分析

CNKI中富硒相关研究共计8264篇（不包含硕、博论文），1991—2021年国内载文量超过15篇的期刊有9个，如表8-1所示。其中《食品科学》刊载量最高（121篇），载文量超过20篇的期刊有《食品科学》《食品工业科技》《西南农业学报》《现代地质》《南方农业学报》《山西农业科学》，占总文献量的3.81%。WOS中凝胶贴膏文献共计1709篇，累计发文量最高的期刊为 *Food Chemistry*，刊载61篇，*Biological Trace Element Research*、*Journal of Agricultural and Food Chemistry*、*Science of Total Environment*、*Journal of Analytical Atomic Spectrometry*、*Talanta* 期刊累计发表文献均超过20篇，占总文献量的14.10%，如表8-1所示。

表 8-1　CNKI 与 WOS 富硒研究的发文期刊分布情况

期刊名称（CNKI）	载文量/篇	期刊名称（WOS）	载文量/篇
《食品科学》	121	*Food Chemistry*	61
《食品工业科技》	93	*Biological Trace Element Research*	53
《西南农业学报》	31	*Journal of Agricultural and Food Chemistry*	40
《现代地质》	24	*Science of Total Environment*	30
《南方农业学报》	23	*Journal of Analytical Atomic Spectrometry*	29
《山西农业科学》	23	*Talanta*	28
《中国地质》	19	*Enviromental Science Technology*	19
《南京农业大学学报》	18	*Journal of Chromatography*	18
《动物营养学报》	17	*Poultry Science*	18
《植物营养与肥料学报》	15	*Journal of Geochemical Exploration*	17

8.2.5 资助基金分析

由表8-2可知，纳入研究的富硒中文文献中有1273篇文章受到不同类型基金项目的资助，其中，国家自然科学基金资助量最多（456篇），其次为国土资源调查项目（108篇）；国外有1486篇英文文献受不同类型基金项目资助，基金覆盖率高达87.36%，其中资助量超过40篇的有6项，最高为 *National Natural Science Foundation of China*（274篇），其次为 *United States Department of Health Human Services*（46篇）。

表 8-2　富硒中英文文献研究的资助基金分布情况

基金名称	资助数量/篇	占比/%	基金名称	资助数量/篇	占比/%
国家自然科学基金	456	35.82	National Natural Science Foundation of China	274	18.44
国土资源调查项目	108	8.48	United States Department of Health Human Services	46	3.10
国家科技支撑计划	69	5.42	National Institutes of Health	45	3.03
国家重点研发计划	67	5.26	Fundamental Research Funds For The Central Universities	43	2.89
现代农业产业技术体系建设专项资金	62	4.87	European Commission	42	2.83
河南省科技攻关计划	43	3.38	UK Research Innovation	41	2.76
广西科学基金	42	3.30	National Key Research and Development Program of China	34	2.29

8.2.6　关键词分析

（1）共现分析

通过对 CNKI 与 WOS 中高频次、高中心性的关键词进行分析，如图 8-6、图 8-7 所示，可以挖掘富硒领域的研究热点与前沿动态。在关键词图谱中节点的大小与关键词的频次呈正比，中心性的强弱与节点周围浅色年轮的厚度呈正比，若关键词中心性值 ≥ 0.1，说明该节点在知识图谱网络结构中的作用越大，影响力越高。此外，节点年轮的颜色越浅，文献研究的年代越久远；颜色越深，年代越近。

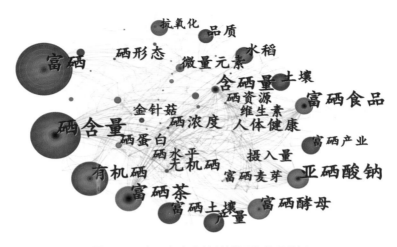

图 8-6　富硒中文文献关键词的共现分析

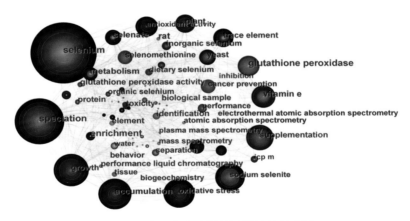

图 8-7　富硒英文文献关键词的共现分析

富硒中英文文献出现频次排名前 20 位的关键词，如表 8-3 所示。可视化图谱中中文节点 350 个，连线 870 条，网络密度 0.0142，说明富硒中文文献研究的关键词联系程度紧密。结合高频次关键词及知识图谱分析，可知富硒的研究热点是：富硒产业（富硒茶、富硒水稻、富硒酵母、富硒食品）、富硒（富硒土壤、富硒农业、乡村振兴）、硒成分及含量（硒含量、有机硒、Na$_2$SeO$_3$、抗氧化、微量元素、含硒量），以及富硒农产品生产（品质、产量、栽培技术），提示富硒产业及硒的成分等是富硒研究领域的重要内容。

英文节点 649 个，连线 3098 条，网络密度 0.0147，说明富硒英文文献研究的关键词之间联系紧密。研究的主要内容为硒的分类（sodium selenite、glutathione peroxidase、selenate、selenomethionine）、硒的抗氧化（antioxidant activity、oxidative stress、enrichment）、植物富硒（plant、speciation、accumulation、growth、biofortification）及硒的临床作用（cancer prevention、metabolism）。对比中文文献关键词可视化分析，英文文献侧重于硒分类、氧化活性、植物富硒及临床应用等研究。

表 8-3　富硒中英文文献出现频次排名前 20 位的关键词

关键词	首现年份	中心性	频次	关键词	首现年份	中心性	频次
富硒	1996	0.19	744	selenium	1992	0.19	232
硒含量	1991	0.37	491	speciation	1991	0.16	177
有机硒	1992	0.09	282	accumulation	1997	0.06	128
富硒土壤	1995	0.02	272	growth	1991	0.02	105
富硒酵母	1996	0.03	235	oxidative stress	2004	0.01	97
富硒茶	2013	0.01	228	sodium selenite	2002	0.01	87
产量	1992	0.04	219	supplementation	1994	0.02	80
亚硒酸钠	1991	0.18	215	antioxidant activity	2004	0.01	72
富硒产业	1991	0.06	203	glutathione peroxidase	1991	0.12	65
土壤	1991	0.15	197	trace element	1993	0.07	64
水稻	2010	0.01	177	plant	1997	0.03	62
抗氧化	2007	0.02	175	vitamin e	1993	0.05	62
品质	1999	0.05	172	selenate	1993	0.07	58
富硒食品	1991	0.07	171	yeast	2002	0.04	52
乡村振兴	2018	0.00	126	metabolism	1991	0.14	48

续表

关键词	首现年份	中心性	频次	关键词	首现年份	中心性	频次
富硒农业	2015	0.00	125	selenomethionine	1991	0.01	47
微量元素	1993	0.06	118	soil	1997	0.00	47
影响因素	2020	0.02	116	cancer prevention	1999	0.01	45
栽培技术	2013	0.01	114	enrichment	1992	0.11	35
含硒量	1991	0.11	111	biofortification	2017	0.00	30

（2）聚类分析

关键词聚类图谱是在共现图谱的基础上，运用 Log-Likelihood Ratio（LLR）算法分析聚类视图中各聚类间的结构特征、关键节点和联系程度。中英文文献关键词皆保留前 11 个聚类模块，如图 8-8、图 8-9 所示。

中文文献关键词聚类分析图谱中，聚类模块值 $Q=0.6721$，说明聚类结构显著；聚类平均轮廓值 $S=0.8727$，说明聚类结果令人信服。聚类出现的高频关键词如表 8-4 所示，可以看出 1991—2021 年富硒研究领域的热点和动态变化。其中，主要可以分为三大类：第一类是 #0、#1、#4、#5、#6 和 #10，为富硒研究的分类及产品开发，包括富硒茶、富硒（产业、产品）、富硒酵母、食用菌、甘薯茎尖等；第二类是 #2、#3、#7 和 #9，为硒的成分及含量检测，包括有机硒、硒含量、摄入量和硒蛋白；第三类是 #8 研究初报，有关富硒的研究进展等。

英文文献关键词聚类分析图谱中，聚类模块值 $Q=0.7453$，说明聚类结构显著；聚类平均轮廓值 $S=0.8963$，说明聚类结果令人信服。聚类中包含的关键词如表 8-5 所示，其中主要分为三大类：第一类是 #0、#3、#4 和 #9，为硒元素和化合物，包括硒酸钠、硫化物；第二类是 #1、#2 和 #8，为硒的检测提取方法及河口沉积物的研究；第三类是 #5、#6、#7 和 #10，为硒的理化和临床作用等。

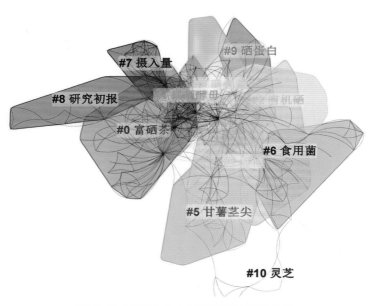

图 8-8　富硒中文文献关键词的聚类分析

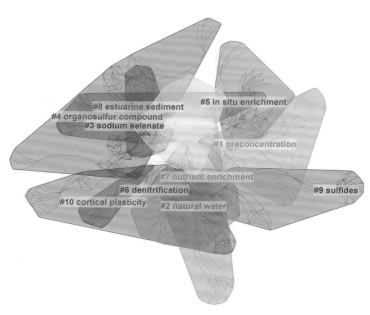

图 8-9　富硒英文文献关键词的聚类分析

表 8-4 富硒中文文献聚类包含的关键词

序号	聚类	包含关键词
0	富硒茶	资源；茶；硒资源；产业；富硒茶；富硒食品；富硒；含硒量
1	富硒	富硒农业；乡村振兴；富硒产业；籽粒；富硒；品质；产量；水稻；富硒酵母
2	有机硒	有机硒；检测；益生菌；无机硒；总硒；硒形态；土壤；富硒土壤
3	硒含量	含量；硒含量；品质；土壤；水稻；富硒；硒；富硒产业；生物量
4	富硒酵母	富硒酵母；酵母；麦芽汁；硒酸钠；亚硒酸钠；富硒；硒浓度；水稻
5	甘薯茎尖	优势；甘薯茎尖；农产品；出口优势；专用玉米；WTO
6	食用菌	食用菌；生物利用率；大鼠；谷胱甘肽过氧化物酶；金针菇
7	摄入量	摄入量；硫；富硒麦芽；甘草锌；金属硫蛋白；顺铂
8	研究初报	柑橘果实；咖啡因；研究初报；紫阳茶；新进展；畜产品；氧化作用
9	硒蛋白	硒蛋白；硒多糖；螺旋藻；蛹虫草；多糖；大球盖菇
10	灵芝	赋存形态；分布；灵芝；有效性；脑缺血；再灌注损伤

表 8-5 富硒英文文献聚类包含的关键词

序号	聚类	包含关键词
0	selenium	glutathione peroxidase；messenger rna；brassica rapa；se-nriched biomaterials；dairy cowselenium；accumulation；phytoplankton；nutrients；chromium；biofortification；sodium selenite；antioxidant activity
1	Preconcentration	vitamin eorganoselenium compounds；olid-phase extraction；environmental analysis；inorganic selenium；water analysiselenium speciation；atomic absorption spectroscopy；lanthanum hydroxide；atomic absorption spectrometry；flow injection hydride generation；preconcentration；selenium；organoselenium compounds；rformance liquid chromatography
2	natural water	atomic absorption spectrometry；atural water；graphite urnace；organic selenium；anthropogenic inputspeciation；iogeochemistry；rthatlantic；chemistry；eposition；atural water；biogeochemistry；sea；adsorption；uranium

序号	聚类	包含关键词
3	sodium selenate	glutathione peroxidase; uman mononuclear cells; scorbic acid; lood platelets; elenium fertilizationselenium fertilization; selenate fertilization; human selenium status; selenium serum levels; sodium selenate; fish oil; 12-hete; messenger-rna; dha
4	organosulfur compound	sulfur; selenate; accumulation; barley; soil丨arcinogenesis; mushrooms; selenium; soil texture; organosulfur compound; inhibition; rat; rcinogenesis; sulfur
5	in situ enrichment	electrothermal atomic absorption spectrometry; hydride generation; situ enrichment; tungsten-treated platform; zirconium-treated platformorganoselenium compounds; norganic selenium; environmental analysis; water analysis; solid-phase extraction; in situ enrichment; electrothermal atomic absorption spectrometry; mass spectrometry; identification; ample preparation
6	denitrification	selenium; microbial metabolism; nitrous oxide; biodegradation; denitrification water; bluegill; kesterson reservoir; bird; insect; denitrification; emissio; fly ash; esterson reservoir; water
7	nutrient enrichment	heavy metals; nutrient enrichment; ascorbic acid; nutrient enrichment experiments; nutrient statusaccumulation; nutrients; selenium; phytoplankton; chromium; heavy metals; hytoplankton; microelements
8	estuarine sediment	enewetak atoll; marine atmosphere; pacific ocean; transport; aerosol particleanaerobic respiration; manganese; kesterson reservoir; selenate reduction; transformation; estuarine sediment; iron; as; enewetak atoll
9	sulfides	east pacific rise; hydrothermal conditions; sulfides; seamounts; mineral deposits; ineral deposits; east pacific rise
10	cortical plasticity	primary somatosensory cortex; forepaw skin map; environmental enrichment; cortical plasticity; rat; rimary somatosensory cortex

（3）突现分析

关键词突现是指某个时间跨度内关键词出现的频率显著增加，用突变强度（Strength）表示，Strength 值越大，突现强度越高，提示关键词影响力越大。一定时间跨度内富硒领域研究的热点，如图 8-10、图 8-11 所示。中英文文献各出现 25 个突现词，根据时间排序，1991—2008 年中文文献研究热点为硒的成分及含量检测（如无机硒、硒资源和含硒量），2001—2014 年研究热点集中在富硒农产品及富硒食品（如甘薯茎尖、富硒酵母和富硒食品）。2013—2022 年研究热点逐渐转向富硒产业并持续至今，其中包括水稻和富硒土壤等的研究。

英文文献中，2002—2009 年重视无机硒及硒的临床作用的研究（如 identification、selenomethionine、sodium selenite、cancer prevention、tissue）；2010—2022 年研究热点集中有机硒、抗氧化及富硒食品相关的研究（如

关键词	年份	突变强度	开始	结束	1991—2022
无机硒	1991	10.12	1991	2009	
硒资源	1991	9.65	1991	2003	
硒浓度	1991	8.91	1991	1999	
含硒量	1991	16.44	1992	2008	
农产品	1991	16.62	2001	2002	
甘薯茎尖	1991	13.45	2001	2003	
亚硒酸钠	1991	20.57	2002	2013	
富硒酵母	1991	40.06	2004	2014	
硒多糖	1991	12.75	2006	2014	
硒蛋白	1991	12.15	2006	2008	
富硒食品	1991	10.46	2010	2014	
富硒生产	1991	22.64	2012	2013	
富硒产业	1991	34.73	2013	2019	
栽培技术	1991	13.6	2013	2015	
抗氧化	1901	13.05	2013	2017	
富硒农业	1991	26.12	2015	2018	
富硒产品	1991	12.44	2015	2017	
水稻	1991	12.96	2017	2022	
乡村振兴	1991	29.5	2018	2022	
富硒土壤	1991	26.08	2018	2020	
土壤	1991	23.95	2018	2022	
产量	1991	21.85	2018	2022	
影响因素	1991	25.87	2020	2022	
品质	1991	14.37	2020	2022	
硒形态	1991	12.57	2020	2022	

图 8-10 富硒中文文献关键词的突现分析

关键词	年份	突变强度	开始	结束	1991—2022
identification	1991	9.09	2002	2007	
cancer prevention	1991	16.65	2004	2014	
selenomethionine	1991	16.79	2005	2014	
sodium selenite	1991	15.28	2005	2013	
glutathione peroxidase	1991	14.75	2005	2011	
yeast	1991	9.89	2006	2014	
tissue	1991	9	2007	2009	
performance	1991	8.97	2008	2015	
dietary selenium	1991	10.85	2010	2014	
growth	1991	16.44	2011	2021	
plant	1991	17.06	2012	2019	
oxidative stress	1991	24.56	2014	2021	
expression	1991	9.33	2014	2016	
accumulation	1991	28.17	2015	2021	
soil	1991	15.86	2016	2021	
vitamine	1991	8.95	2016	2018	
toxicity	1991	8.86	2016	2017	
antioxidant activity	1991	23.01	2017	2021	
biofortification	1991	12.62	2017	2021	
extraction	1991	9.26	2017	2018	
speciation	1991	15.31	2018	2021	
metabolism	1991	11.35	2018	2021	
trace element	1991	10.39	2018	2019	
selenate	1991	17.13	2019	2021	
enrichment	1991	13.96	2019	2021	

图 8-11　富硒英文文献关键词的突现分析

dietary selenium、oxidative stress、selenate、antioxidant activity）。

（4）时间线图分析

富硒时间线图反映了随时间变化聚类关键词发生趋新或趋老变化，不仅可以表达该领域发展的演变，还侧重于构建聚类之间的关系。从中文文献聚类模块的时间线图（图 8-12）看，聚类 #1、#2、#3、#4、#5 和 #10 的延续性和时间跨度比较好。英文文献聚类模块的时间线图（图 8-13）显示，#0（selenium）的延续性和时间跨度比较好，其次 #1、#5 和 #6 跨度为 1991—2004 年。

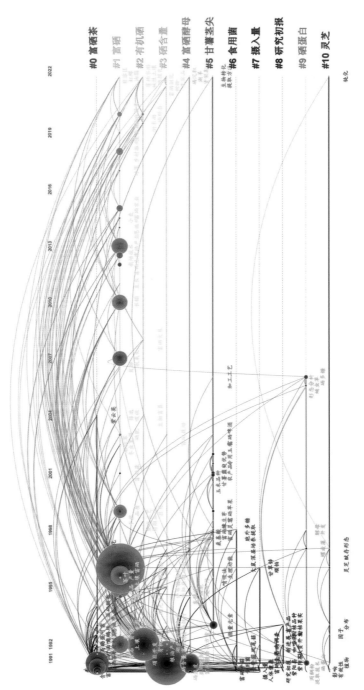

图 8-12 富硒中文文献聚类模块的时间线图分析

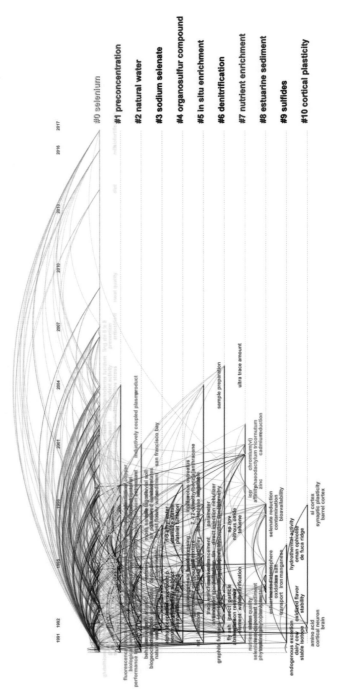

图 8-13 富硒英文文献聚类模块的时间线图分析

8.3 小结

　　富硒研究领域热点主要集中在硒的分类、硒的含量检测及提取、富硒产业、富硒农业和硒的临床研究等。硒的分类包括无机硒、有机硒和纳米硒，其中对纳米硒的研究较少，主要围绕硒的形态、毒性及生物转化等，植物对硒的吸收、转运和形态转化机制，因硒的种类不同而不同。硒的含量检测及提取主要围绕其技术手段、天然硒的提取、富硒产品的硒检测等，其中"富硒土壤＋生物转硒技术"是一种生产富硒农产品的方法。富硒产业属于遍地开花，将高硒地区的硒富集到农产品或食品中，达到利用硒的目的。富硒农业与富硒产业密不可分，其中富硒水稻及其栽培方式、富硒土壤等是研究重点。但是关于硒对植物生长和产量的影响主要集中在外源硒调控效应的研究。对于天然富硒土壤中硒对植物影响的研究报道较少，尚待研究。

　　本章运用 Citespace 对 1991—2021 年 CNKI 及 WOS 中富硒中英文文献进行可视化分析，以知识图谱的形式展示富硒的主要研究团队、核心作者、合作机构、发表期刊、资助基金及关键词聚类等概况，直观反映了 1991—2021 年富硒的研究方向、研究主题、研究热点、前沿进展及发展趋势等。其中，富硒产业及硒的生物转化一直是经久不衰的热点。

9.1　硒之概况

（1）硒为何被称为"月亮女神"？

在很多场合，硒常常被称为"月亮女神"。为什么会有这样一个美丽的名字呢？这要从硒的发现和命名说起。1817 年，发现者贝采里乌斯给"硒"取名 Selenium，在希腊文中 Selene（赛勒涅）是指"月亮女神"。正是因为一个科学家的艺术情怀，为后人展开了很多想象的空间，"月亮女神""硒姑娘"的称呼由此传开。

（2）全球硒资源多吗？是如何分布的？

硒元素在地壳中的丰度为 0.05～0.09 mg/kg，极难形成工业富集。硒的赋存状态主要是以独立矿物、类质同相、黏土矿物吸附 3 种形式存在。虽然已发现的硒矿物有百余种，但硒以独立矿物产出的量很少，大多数硒都作为铜矿加工过程中的副产品回收而来。根据美国地质调查局 2015 年发布的数据，全球硒资源储量约为 12 万吨，硒资源相对丰富的国家有智利（2.5 万吨）、俄罗斯（2 万吨）、秘鲁（1.3 万吨）、美国（1.0 万吨），其他国家硒资源总量约为 5.2 万吨（图 9-1）。

图 9-1　全球硒资源相对丰富的国家

（3）我国硒资源的状况是什么样的？

据统计，全世界有 40 多个国家缺硒，中国是缺硒大国，缺硒省（自治区、直辖市）有 22 个，其面积之和约占全国总面积的 72%，其中 30% 为严重缺硒地区。华北、东北、西北等地区都属于缺硒地带，导致中国 2/3 的人口严重缺硒。我国早期发现的富硒地区有湖北恩施、陕西安康、贵州开阳、浙江龙游、山东枣庄、四川万源、江西宜春、安徽石台等；近年来发现的有青海省海东地区的平安—乐都一带、山西省主要农业区、江西省鄱阳湖地区、湖南省慈利县和桃源县、浙江省杭嘉湖和宁绍平原地区、广东省佛山市、海南省澄迈县等。

（4）缺硒、富硒等地区是如何划分的？

我国在普查中根据平均硒含量把各地划为 4 级：①硒含量 ≤ 0.02 mg/kg 的地区为严重缺硒区。在这些地区生活的人群如不从其他硒源摄取硒，极易发生缺硒疾病。②硒含量在 0.03 ～ 0.05 mg/kg 的地区为缺硒区，一般都不能满足人的正常硒需求量，也必须补硒。③硒含量在 0.06 ～ 0.09 mg/kg 的地区为变动区，在此地区，如不注意饮食调配，往往难以满足人的硒需求量，仍应添加一些硒制剂。④作物中平均硒含量 ≥ 0.10 mg/kg 的地区为正常区，通常可以满足人的硒需求量。

（5）硒在土壤中有何分布规律？

富硒土壤一般呈点状或带状分布，即沿硒岩石出露点呈环带（波）状向外分布，离硒岩石出露点越近，土壤中硒含量越高；离硒岩石出露点越远，硒含量越低。在同一区域内，硒在土壤中的分布也与硒在水中的迁移有关。植物吸收营养是以水为载体，一般土壤中水溶性硒和离子交换态硒含量高，植物吸收硒就多。

（6）硒与重金属的关系是什么？

土壤中存在硒—重金属伴生现象。调查发现，湖北恩施典型富硒区、陕西南秦岭—大巴地区、安徽池州石台县等富硒区，大部分土壤中镉含量超过国家标准。宜春北部广泛出露石炭——二叠纪富硒地层，土壤中镉与土壤中硒的水平空间分布较为一致，硒镉伴生现象显著存在；宜春南部广泛出露晚前寒武——寒武纪富硒地层，则不存在硒镉伴生现象。虽然土壤中硒与镉等重金属伴生存在，但在植物吸收过程中，硒与重金属是相互抑制的关系，存在剂量效应，即作物中硒浓度大于重金属元素时，表现为硒对重金属元素的拮抗作用；当重金属元素浓度大于硒的浓度时，硒的吸收同样受到抑制。在人体内，当某种重金属元素过量中毒时，可以用硒制剂解毒，因此，有人把硒称为"解毒剂"。

9.2 硒之健康

（1）硒元素对人体健康的功效主要有哪些？

硒是维持人体所必需的微量元素之一，它对健康的价值是其他元素不能替代的，人体缺硒将导致多种疾病，而适当补硒意义重大，那么，硒到底有哪些健康功效呢？硒对人体健康的十一大功效如图 9-2 所示。

①增强免疫力
②抗氧化，延缓衰老
③防癌抗癌
④参与糖尿病的治疗
⑤保护视力
⑥预防心血管疾病
⑦防治克山病、大骨节病、关节炎
⑧解毒排毒
⑨防治肝病，保护肝脏
⑩增强生殖功能
⑪治疗皮肤病

图 9-2　硒对人体健康的十一大功效

①增强免疫力。硒能清除体内自由基，排除体内毒素，抗氧化，能有效抑制过氧化脂质的产生，防止血凝块，清除胆固醇，增强人体免疫功能。

②抗氧化，延缓衰老。硒能够激活人体自身抗氧化系统中的重要物质，控制和消除氧化损伤，从而防治疾病，延长人类寿命。

③防癌抗癌。硒能杀死癌细胞，在体内形成抑制癌细胞分裂和增殖的内环境。2006 年，人教版初中化学九年级下册第 94 页写道：硒对人体有防癌、

抗癌作用，缺硒可能引起表皮角质化和癌症。

④参与糖尿病的治疗。硒是构成谷胱甘肽过氧化物酶的活性成分，它能防止胰岛 β 细胞氧化破坏，使其功能正常，促进糖分代谢，降低血糖和尿糖，改善糖尿病患者的症状。

⑤保护视力。山鹰的眼睛十分敏锐，能从高空发现地上的猎物，研究发现，山鹰眼睛中的硒含量是人眼的 100 倍以上。人类视网膜由于接触电脑辐射较多等原因，易受损伤，硒能催化并消除对眼睛有害的自由基物质，从而保护眼睛的视网膜，增强玻璃体的光洁度，提高视力，有防治白内障的作用。

⑥预防心血管疾病。硒是维持心脏正常功能的重要元素，对心脏肌体有保护和修复作用。人体血硒水平的降低，会导致体内清除自由基的功能减退，造成有害物质沉积增多、血压升高、血管壁变厚、血管弹性降低、血流速度变慢、送氧功能下降，从而诱发心血管疾病的发病率升高，然而科学补硒对预防心血管疾病、高血压、动脉硬化等都有较好的作用。

⑦防治克山病、大骨节病、关节炎。缺硒是克山病、大骨节病两种地方性疾病的主要病因，补硒能防止骨髓端病变，促进修复，而在蛋白质合成中促进二硫键对抗金属元素解毒。对这两种地方性疾病和关节炎患者都有很好的预防和治疗作用。

⑧解毒排毒。硒与金属的结合力很强，能抵抗镉对肾、生殖腺和中枢神经的毒害。硒与体内的汞、铅、锡、铊等重金属结合，形成金属硒蛋白复合而解毒排毒。中国科学家在南极科学考察中发现南极的企鹅和海豹体内有严重过量的汞元素富集（随大气洋流沉降在两极），但企鹅和海豹却非常健康。经过深入的检测分析发现，原来企鹅和海豹以富含硒的磷虾等海产品为食，硒通过一种硒蛋白对汞起到了拮抗作用，即汞虽然还在企鹅和海豹体内，但已经不产生生物毒性。

⑨防治肝病，保护肝脏。我国医学专家于树玉在历经 16 年的肝癌高发区流行病学调查中发现，肝癌高发区居民血液中的硒含量均低于肝癌低发区，肝癌的发病率与血硒水平呈负相关。她在江苏省启东市对 13 万名居民补硒证实，补硒可使肝癌发病率下降 35%，使有肝癌家史者发病率下降 50%。

⑩增强生殖功能。对男性而言，体内25%～40%的硒都集中在生殖系统，硒具有增强精子活力和性机能的功效，被称为男人体内的"黄金"；对女性而言，硒可帮助保护女性生殖系统，使卵巢易于受孕。

⑪治疗皮肤病。硒能有效治疗银屑病、白癜风、扁平疣等疑难皮肤病。硒除了对银屑病、白癜风的辅助治疗外，还可应用于皮肤老化及免疫相关性皮肤疾病和病毒性皮肤疾病的治疗。硒在皮肤科的应用有广阔前景。

（2）硒在人体内是如何分布的？

硒进入人体后主要在小肠被吸收，然后被输送到身体各个部位，参与机体的各种生命活动。经肠道吸收后，硒很快被血红细胞摄取，与红细胞的血红蛋白和血浆中的白蛋白或α球蛋白结合，通过血浆运载，被输送到各组织器官。首先分布到血液供给量丰富的地方，血液供给越丰富的器官分布越多，随后按器官与硒的亲和力有选择地再分布。硒主要分布到肾、肝和生殖腺，其次是血、脾、心、肌肉、胰、肺、脑、骨及消化道（图9-3）。

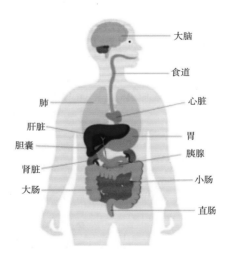

注：成人机体的硒总量一般为13～21 mg，也可低至2.3～5.0 mg。机体吸收的硒迅速分布到组织中，硒含量依次为：肾＞肝＞脾＞胰＞睾丸＞心肌＞肠＞肺＞肌肉＞脑。因肌肉在机体中所占比例最大，所以肌肉组织中硒含量在总体硒中所占的比例最高。硒在各种组织中主要以硒蛋氨酸和硒代胱氨酸等形式储存。

图9-3　硒在机体内的含量与分布

（3）摄入的硒在体内能存在多久？

机体将所吸收的元素减少到原有量一半所需的时间，在生物学上称为半衰期。半衰期越短，说明元素的持续作用时间越短。对硒的研究表明，硒的生物学半衰期比较短，它在人体内的运转速率在 11 天左右，说明硒在机体内的代谢非常快，吸收不久便被排出。现有的实验结果表明，成人每天排出的硒总量大约为 50 μg，主要通过尿液、粪便、汗液、呼气、毛发等排出体外。

（4）硒和酶有什么关系？

硒是构成谷胱甘肽过氧化物酶的必需成分，谷胱甘肽过氧化物酶能催化还原谷胱甘肽变成氧化型谷胱甘肽，同时防止大分子发生氧化应激反应，使对机体有害的过氧化物还原成无害的羟基化合物，并使过氧化物分解，因而可以保护细胞膜的结构功能，使之不受过氧化物的损害和干扰。缺硒会造成细胞及细胞膜结构和功能的损伤，继而干扰核酸、蛋白质、黏多糖及酶的合成与代谢，直接影响细胞分裂、繁殖、遗传及生长。

（5）为什么说硒是最强抗自由基、抗氧化元素？

硒是科学家迄今为止发现的世界上最强的抗自由基元素，其抗自由基能力是维生素 E 的 500 倍，是人体最重要的自由基清除剂。在人体内对人体产生最大损害的自由基就是氧自由基，体内氧自由基的过量存在，对人体的组织和细胞产生过氧化，从而对人体组织和细胞造成严重损伤，但是人体同时存在大量能抗击氧自由基（抗氧化）的物质，那就是谷胱甘肽过氧化物酶，该酶只能在有硒参与的情况下才具有活性。所以，硒的抗自由基（抗氧化）作用，主要通过触发谷胱甘肽过氧化物酶的活性来实现。

（6）硒为什么能够提高人体免疫力，又是怎样提高的？

硒有保护胸腺、维持淋巴细胞活性和促进抗体形成的作用。研究表明，硒能刺激免疫球蛋白及抗体的产生，从而增强机体抗病能力。硒对癌细胞的繁殖也有一定的抑制作用。硒能使血液中的免疫球蛋白水平增高，增强吞噬细胞的吞噬功能及人体细胞免疫功能来抵抗癌症的发生和发展。硒提高人体免疫力是从排毒、解毒、清除细胞周围自由基这一途径来实现的，通过补硒这一途径来提高人体免疫力应是最直接、最快速的。

（7）硒防治癌症的机制是什么？

从目前已经发表的大量文献看，硒防治癌症的机制主要表现如下：①体内过多的自由基是细胞发生癌变的重要原因。硒有强大的抗氧化能力，可以清除多余的自由基，并能激活细胞内的抑癌基因，防止正常细胞癌变。②硒能帮助提高人体的免疫功能，杀伤或抑制癌细胞的生长和转移。在细胞培养液中，硒的浓度达到一定量时，可促使癌细胞凋亡。③硒在一定程度上能抑制肿瘤血管的形成，限制癌细胞获得营养的来源，从而延缓癌细胞的生长。

（8）硒对哪些癌症有较好的防治效果？

美国亚利桑那癌症研究中心对 1321 个癌症患者进行了长达 13 年的补硒双盲干预实验，实验结果显示，每天补充 200 μg 硒，总癌的发生率和死亡率分别下降了 37% 和 50%，其中，前列腺癌、直肠癌、肺癌的防治效果十分明显，发生率分别下降了 63%、58%、46%。这项研究被称为"硒防癌里程碑"研究。

（9）硒是如何降低糖尿病并发症的？

硒有助于降低糖尿病并发症，表现在两个方面：①清除自由基。在高血糖状态下，大量自由基产生，损伤生物膜导致多个系统损害。硒可以激活人体抗氧化系统的重要物质——谷胱甘肽过氧化物酶的活性，提高机体抗氧化能力，增强清除自由基的能力，保护各组织细胞的正常功能。②增强自身抗病能力和免疫力，这为免疫力低下的糖尿病患者增加了一道抗感染及预防并发症发生的坚固防线。

（10）硒与前列腺病有关吗？

前列腺疾病是中老年男性常见病，调查显示，低硒地区的前列腺疾病发病率远高于高硒地区。在前列腺病理演变过程中，元素镉起了重要作用。随着年龄的增长和环境影响，以及低硒导致了内分泌失调等，致使前列腺积聚镉而引发前列腺增生甚至癌症。硒可以清除重金属镉及抑制镉对人体前列腺上皮的促生长作用，从而减轻病情和医治疾病。

（11）硒与亚健康有何关系？

亚健康是人体处于健康与疾病之间的边缘状态，无器质性病变，但有功能性改变，与疲劳、营养不平衡有关。硒是人体重要的抗氧化元素，缺硒导致免疫功能下降，首先反映在出现各种亚健康、易疲劳的不适症状，继而发生各种与免疫有关的慢性病。因此，合理补硒能缓解亚健康症状。

（12）硒与衰老有什么关系？

人体细胞代谢过程中不断产生自由基，对器官组织细胞进行破坏促使人体衰老。中外科学家多年潜心研究发现，硒是防止器官病变和老化的重要微量元素之一，能帮助清除自由基，从而延缓机体衰老。专家研究发现，百岁老人体内硒含量是健康者的 3～6 倍。

（13）缺硒能诱发白内障吗？

硒能通过 GHS-Px 阻止脂质过氧化反应。GHS-Px 是晶体酶促防御成员之一，它是以硒为活性中心，能催化还原谷胱甘肽变成氧化型谷胱甘肽（GSSG），同时使有毒的过氧化物还原成无害的羟基化合物，使其按正常的 β 氧化通路进行代谢，并使 H_2O_2 分解，与维生素协同保护机体免受脂质过氧化损伤。缺硒时 GHS-Px 活性降低，机体的正常防御体系削弱，产生内外过氧化反应。导致高分子聚集物形成、蛋白质降解、膜功能异常、细胞膜破裂而晶体混浊，引发白内障。

（14）为什么说硒是肝病的天敌，缺硒是否一定会得肝病？

肝病多是由病毒引起的，而病毒在人体缺硒时极易变异，从而变本加厉地对人体产生伤害，补充硒有利于阻断病毒变异，加速病体康复。此外，硒有解毒排毒的功效，能拮抗有毒重金属和有害物质苯等对肝脏的损害，也会减少癌症治疗中对肝脏有不良反应药物的毒害，从而保护肝脏，因此，硒被认为是肝病的天敌。

肝脏是个大"硒库"，人体内硒含量最丰富的器官就是肝脏。研究表明，肝病患者体内都普遍缺硒，病情越严重，血液中硒水平越低。虽然没有证据表明，缺硒就一定会得肝病，但缺硒易引发肝病，且比正常硒水平高发 10～50 倍或更高。

（15）为什么把硒誉为病毒的克星？

引发肝病的罪魁祸首是机体内的乙肝病毒，而肝病的复发和加重与病毒变异有关。我国肝炎患者 70% 左右有病毒变异的现象，如"小三阳"合并病毒 DNA 阳性，肝功能检查反复波动，主要是由乙肝病毒变异引起的。硒是唯一与病毒有关的营养素，肝病、心肌炎病毒均含有含硒酶，缺硒会使病毒变异、病情恶化加重，所以补硒在一定程度上可防止肝病加重复发。

（16）硒与艾滋病有关系吗？

众多流行病学调查表明，HIV 感染者及艾滋病患者都有硒水平低下的症状，且血硒含量越低，死亡发生越快。1994 年，美国著名病毒学教授 W. E. Taylor 提出了"病毒硒蛋白理论"，其内容包括：补硒有利于抑制病毒（艾滋病病毒、感冒病毒、埃博拉病毒、肝炎病毒等）的复制，在富硒机体内病毒蛋白可得到充足的硒，病毒复制被抑制，而在缺硒机体内病毒蛋白无法得到充足的硒，病毒复制加快。国外大量实验已证实，硒与艾滋病之间存在着一些特殊关联，补硒或许有利于 HIV 感染者的免疫恢复和重建。当然，硒的作用还需要在长时期的临床试验中加以证实。

（17）补硒对大骨节病有效吗？

我国部分地区流行一种地方病，患者骨关节粗大、身材矮小、劳动力散失，往往与克山病在同一地区流行，称为大骨节病。用硒和维生素 E 治疗，能加速骨骼生长。

（18）硒能缓解关节炎症状吗？

风湿性关节炎和类风湿性关节炎均是一种慢性疾病，患者血液中硒含量普遍低于健康人。人体免疫系统能消灭入侵机体和组织的自由基。硒作为一种抗氧化剂，可以帮助清除自由基，提高免疫力，在一定程度上减缓关节炎症状。

（19）补硒能改善营养不良儿童的生长发育吗？

临床研究发现，营养不良儿童的血液中硒含量很低，如果给这些儿童只提供蛋白质等优质膳食而不增加足够的硒，这些儿童的生长发育情况没有明显改善，只有补充足够的硒才能收到良好的效果。因此，儿童补硒有利于生长发育。

（20）搬进新家以后，为什么更需要补硒？

身边的亲朋好友经常这样抱怨：搬进新家以后，变得容易生病了。这是为什么呢？因为我们在装修新房时，使用了大量油漆、涂料，在它们干燥的过程中，会不断释放出大量的过氧化物，即自由基。我们住进新房以后，通过呼吸系统将这些自由基吸进体内，使机体的免疫功能下降，因而出现易生病的现象。即便使用的是绿色环保油漆、涂料，在干燥过程中同样也会产生自由基。因此，建议：①保持室内通风，降低室内自由基浓度；②每天补硒 200 μg，快速清除体内自由基。

（21）硒能包治百病吗？

硒只是一种营养元素，尽管与人体健康有关，但不可宣传为"包治百病"。特别是，不能混淆了营养品与药品的区别，更不能使用硒替代药品来治疗疾病。它是通过对免疫系统的增强和抗氧化机制，来实现防癌，保护心血管、肝脏和延缓衰老等作用，尽管硒会对这些方面有一定作用，但有的作用大些、有的作用小些。

9.3 硒之补充

（1）人为何会缺硒，缺硒的主要原因是什么？

①环境缺硒。我国有 72% 的国土硒含量低于平均水平，其中 30% 为严重缺硒地区，长期生活在严重缺硒地区的人易患克山病等地方病。②环境污染。农药、化肥、冶炼、印染导致的有害残留物会拮抗硒的吸收，造成缺硒。③主食过于精细，粗粮太少。饮食结构不合理、硒摄入不足导致营养性缺硒。④烟酒不节制。烟草中有害重金属镉及致癌有机化合物均能拮抗硒的吸收；酗酒伤肝，致使肝脏中硒元素过多代谢而缺硒。⑤中老年人吸收机能下降，硒摄入不足而缺硒。

（2）孕妇缺硒对胎儿有什么影响？

硒是人体的组成物质基础，它广泛存在于人体组织和器官中，人类从胚胎发育开始就需要硒。如果母体缺硒，胎儿就会缺硒，进而影响胎儿的正常发育，有可能导致胎儿出现畸形、发育不良等状况，所以，孕妇尤其需要补硒。

（3）缺硒对儿童有什么影响？

缺硒使儿童体内含硒酶活性减低，从而影响机体的能量供应，引起多系统功能障碍，儿童正处于生长发育阶段，缺硒将使能量供应无法满足儿童的生长需要，从而影响儿童生长发育。此外，硒是甲状腺激素代谢过程中必需的物质，它对甲状腺激素稳定的维持起着至关重要的作用。硒的缺乏可导致甲状腺激素代谢发生特异性改变，继而引起生长激素分泌减少，从而进一步影响儿童的发育。

儿童缺硒时，可出现生长缓慢、肌肉萎缩变性、四肢关节变粗、毛发稀疏、体重减轻甚至智力障碍等重大疾患。缺硒会使儿童产生心、肝、肾、肌肉等多种组织的病变，可引起儿童大骨节病及克山病。缺硒可引起机体免疫功能下降，使儿童易于发生多种感染性疾病，引发儿童营养障碍，造成恶性循环，甚至引起儿童恶性营养不良、大脑发育不全，进而导致生活能力、学习能力、社会适应能力下降。此外，低硒地区儿童白血病和癌症发病率也较高。

（4）人体中硒的来源及形式有哪些？

人体所必需的硒几乎全部来源于膳食中的各种食物，包括谷物、蔬菜、肉蛋奶等。不同食源提供人体不同形式的硒。目前食物中被鉴定出的无机硒和有机硒化合物有20多种，其中硒代蛋氨酸（SeMet）和硒代半胱氨酸（SeCys）的存在最为普遍。植物中的硒源大部分是硒代蛋氨酸，土壤中的硒被植物吸收后通过代谢最终以无机硒和有机硒两种形式存在，其中有机硒占总硒含量的80%以上，是日常膳食中的主要硒源。小麦中50%、苜蓿中70%以上的硒都是硒代蛋氨酸。富硒蔬菜如大蒜、洋葱、韭菜和十字花科蔬菜中硒甲基硒代半胱氨酸（SeMeSeCys）占总硒含量的50%以上。动物性食物主要提供硒代半胱氨酸。食物中的有机硒和无机硒均可以被人体吸收，但吸收率分别是80%和50%。被人体吸收后二者通过进入不同的代谢环节以相似的利用率参与硒蛋白的合成。

硒在人体内主要以有机硒化合物的形式存在，一类为硒代氨基酸，主要是硒代胱氨酸和硒代蛋氨酸；另一类为含硒蛋白质和硒蛋白，含硒蛋白质中主要为谷胱甘肽过氧化物酶。

（5）哪些人群需要补硒？

只要你不是长期生活在富硒地区，无论你的身体健康与否都应当适量补硒，心血管疾病患者，肿瘤患者，糖尿病患者，慢性肝病患者，胃肠道疾病患者，哮喘等呼吸道疾病患者，视力减退、青光眼、白内障等眼病患者，生殖系统疾病患者及不孕不育者，从事有毒有害工作者，亚健康人群，渴望长寿的中老年人等人群，更应该科学补硒。

（6）硒能在人体内储藏吗？人需要终生补硒吗？

硒在人体内有一定的储备，主要储藏在血液中，在肝脏、心脏、肾脏和肌肉中都有一定储存。硒和其他营养素一样，参与人体的新陈代谢，会不断地被机体转换、利用和排泄。硒也是一种易排泄的元素，所以我们每天必须摄取足量的硒，来维持机体的正常代谢，尤其是生活在低硒环境中的人，更应该重视不断补充足量的硒。一旦停止补充硒，就可能降低防御疾病的能力。

在微量元素的研究中，以机体排出所吸收元素一半量所需要的时间（"生物学半减期"），来表示元素在体内生物运转的速率。6例供试者的实验结果显示，肌肉中硒的生物学半减期为100天，肝脏为50天，肾脏为32天，血清为28天。还有其他不同的实验结果，但也都是以"天"计算的，说明硒的代谢是比较快的，能够不断吸收、不断排出。一旦停止了硒的补充，人体很快就会处于缺硒的状态。

（7）人体对硒的需求有多少？

我国硒摄入量研究取得的成果已被联合国粮食及农业组织（FAO）、世界卫生组织（WHO）、国际原子能组织（IAEA）3个国际组织联合推荐，具体指标是：

①最低需要量（以预防克山病发生为界限）17 μg/ 天（全血硒约 0.05 μg/mL）；

②生理需要量（以硒的生物活性形式 GPx 在血浆中达到恒定饱和为正常生理功能指标）40 μg/ 天（全血硒 0.1 μg/mL）；

③膳食硒供给量 50～250 μg/ 天（全血硒 0.1～0.4 μg/mL）；

④膳食硒最高安全摄入量 400 μg/ 天（全血硒 0.6 μg/mL）；

⑤界限中毒剂量（指甲变形）800 μg/ 天（全血硒 1.0 μg/mL）。

有文献介绍患者治疗期间硒的安全摄入量，如预防辅助治疗肝病的剂量为 250～400 μg/ 天、肿瘤放疗和化疗期间的剂量为 600～800 μg/ 天、肿瘤恢复期的剂量为 300～400 μg/ 天、患者长期维持剂量为 250～300 μg/ 天等。

（8）如何提高人体硒水平？

人体中的硒主要来源于食物，从当地土壤和生长的作物、牧草中的硒含量可以衡量该地区的硒水平。

通过食品、保健品和药品均能提高人体硒水平。其中，以食品最为安全，如海产品，动物肝、肾、蛋制品，坚果类食品。含有丰富硒的具体食物有魔芋精粉、鲑鱼籽酱、猪肾、鱿鱼、海参、甲鱼、墨鱼、牡蛎、虾、小麦胚粉等。

我国《食品营养强化剂使用标准》（GB 14880—2012）中以元素硒含量计算强化量：乳制品、谷类及其制品为 140～280 μg/kg；可用于硒营养强化剂的化合物有亚硒酸钠、硒酸钠、硒蛋白、富硒食用菌粉、L 硒 - 甲基硒代半胱氨酸、硒化卡拉胶、富硒酵母等。

（9）硒需要一直补吗？

要维持血液中硒的浓度，就需要持续补硒，一旦停止补硒，或者剂量降低，就会降低机体抵御疾病的能力，使旧病复发或者患病概率增大。只有坚持长期补、终身补，才能终身受益。

（10）在什么时候服用硒产品最好？

服用硒的时间没有严格的规定，但空腹时服用为佳，对于糖尿病患者，在饭前半小时服用最好；对进行放、化疗的肿瘤患者，应提前一周服用，可减少放、化疗时的毒副反应。服用硒产品时，应仔细查看其包装上标明的硒元素含量，结合自身情况并根据医生或营养师的指导进行补充，如果是用于辅助疾病治疗，补硒剂量可能需要大一些。

（11）硒能与药物同服吗？病愈后还需要服用硒吗？

硒与药物同服，不但没有对抗作用，而且会加强药物的作用，还可以消除药物生化反应中产生的有毒物质——过氧化物，减轻药物的毒副反应。

长期定量补充有机硒，无毒副反应，而且能及时补充体内的硒，提高免疫功能，保持肌体健康，因此，病愈后可继续补充。保健医学发达的国家，如美国、日本，不管有病或没病建议每人每天补硒 50～200 μg，作为除病强身的办法。

（12）在饮酒前可否用硒？

适量饮酒有利于健康，而酗酒则有百害而无一利，酗酒对机体的损伤是多方面的，尤其对肝脏的危害最大。在饮酒前服用 200 μg 的硒，可以减低乙醇对机体的损伤，保护肝脏；如果饮酒过量，可一次性服用硒 400 μg，减轻乙醇对肝细胞的损害，有助于恢复肝脏的正常功能。

（13）吃含硒食物就能把硒补足吗？

食物含硒高，但不一定满足人体所需。补硒的方法较多，动物脏器、海产品、鱼、蛋、肉类等是硒的良好来源，适当吃些这类食物，可以补充一定量的硒，但却不能完全满足人体所需，再加上个人体质不同，对食物的消化吸收也不同，要想通过补硒达到增强体质、防治疾病的目的，也可以选择一些专业有效的补硒产品，这时一定量的补硒产品就能起到事半功倍、相辅相成的效果。

（14）如何科学补硒？

2018 年 4 月 1 日实施的《中国居民膳食营养素参考摄入量 第 3 部分：微量元素》（WS/T 578.3—2017）规定：成人每天硒平均需要量为 50 μg，推荐摄入量为 60 μg，最高摄入量为 400 μg。补硒时应遵循四大原则：缺多少补多少；定量补充；坚持正确的服用方法；食补为主，药补为辅。

一是食物补硒：食物补硒是日常生活中最普遍和最重要的手段。根据对食物中硒含量的测定数据，得出以下食物中硒含量顺序：动物内脏＞海产品＞河鱼＞蛋＞肉＞蔬菜＞水果。二是补硒保健品：癌症、肝炎等患者光靠食补难以满足需求，患者需要协助战胜疾病，则必须依赖于"额外的"强化补硒。

（15）含硒食物中的硒会流失吗？

硒是一种热不稳定元素。多方面研究显示，许多硒制剂在加工、服用和存贮过程中会出现硒的流失，特别是一些含硒食品在加工过程中流失可能更多。例如，加工富硒蔬菜，漂烫过程就会造成硒的大量流失；油炸、烧烤、蒸熟等食品加工方式，都会造成各种食品中硒的损失。有实验表明，通过热烫、炖煮等不同方式烹饪，都能引起蔬菜、菌类、藻类及肉制品中硒的损失，损失率为 9.87% ～ 28.58%。

（16）为什么加工食品会造成硒的损失？

由于硒在我们食用的动植物产品中，大部分是有机态形式，也就是以硒蛋白、硒代半胱氨酸及硒氨基酸等物质存在，因此，在加工环节，受到高温处理，使稳定性降低，硒与蛋白结合的性质发生改变，一方面导致食品中硒含量下降；另一方面导致食品中硒结合蛋白结构发生改变，可能就不会被人体所吸收，从而造成硒的损失。

（17）硒水平是否与年龄有关？

越来越多的研究表明，对于一般人群来说，身体的硒含量与年龄有关系。新生儿与老年人的血硒水平更低，如新生儿血清中硒含量只有成年人的一半左右，儿童体内的硒水平随着年龄增长逐步增高，在 20 岁左右达到成年人水平；而年龄到 65 岁以上，老年人血清硒浓度显著下降，有报道说 70 岁以上老年人血硒水平为成年人的 21% 左右。

（18）什么是人体硒营养状态？

目前可理解其基本含义是：硒在体内与其功能有关的有效水平。换言之，它不是硒元素在体内的简单总量，而是硒在各组织器官中作为酶或其他功能的数量表达。有学者认为，一个人的硒营养状态如何，与其周边的硒环境有紧密关系，如通过水、食物及土壤等外部环境的硒含量，就可以估算出人体硒营养状态。

（19）补硒为何能消除疲劳，提高运动能力？

这是因为硒可以提高红细胞的变形性，使红细胞可以顺畅地进入内径比自身直径还小的毛细血管，及时滋养肌细胞；硒还可增强红细胞携氧能力，帮助机体适应缺氧状态，降低红细胞压积，提高血液供氧能力；剧烈运动后，心跳加快，心脏加速向肌肉输血供氧，心肌自身也受到缺氧损伤，硒可以显著改善心肌收缩、保护心脏、增强心脏供氧能力。这些都显著减少了缺氧引起的一系列运动损伤。

（20）手术后患者是否可以补硒？

患者在手术后推荐补硒，对手术后期康复和预防并发症至关重要。因为手术过程本身是一个严重的氧化应激过程，其产生的大量自由基可引发多种过氧化过程，与术后患者的炎症、感染都有密切关系。硒对人体有抗氧化功能，能协助清除自由基、保护细胞膜免受氧化损伤、维持其通透性。此外，手术后的患者普遍存在免疫功能下降问题。硒还是参与人体免疫调节的重要营养素，补硒可提高机体免疫能力。硒既能激活细胞免疫中的淋巴细胞，又能刺激术后患者免疫球蛋白及抗体的产生，有助于杀死多种引发感染的细菌，从而增强患者的康复能力。

9.4 硒之产品

（1）什么是富硒食品？

富硒食品就是富含微量元素硒的食品。一般分为天然富硒食品（又称植物活性硒食品）和外源硒富硒食品（也称人工有机硒食品），如富硒的米、黑山药、黑芝麻、黑豆、黑花生、黑米、大蒜、猪肉等，含有硒元素的食品都可以称为富硒食品。

（2）市场上主要有哪些富硒食品？

①蛋类：有实验表明，每 100 g 蛋类食材中硒含量达到 33.6 μg，这就确定蛋里面的硒含量很高，且蛋更容易被人体消化吸收，所以多吃鸡蛋能够摄入大量的硒。

②猪肉：每 100 g 猪肉中，硒含量高达 11 μg，是继鸡蛋之后硒含量最高的食品之一。

③动物的内脏：动物的心、肝、肾里面都含有大量的硒，但是因为过量食用动物内脏很容易导致胆固醇增高，所以对于小孩子和老人来说

要少吃。

④含硒高的蔬菜：我们常吃的蔬菜中大白菜、南瓜、西蓝花、洋葱、胡萝卜、紫薯、大蒜、芦笋、蘑菇等都含有丰富的硒。

⑤富硒水产品：含硒高的水产品有龙虾、鱼及其他贝壳类水产品。

（3）什么是有机硒、生物硒、无机硒？

有机硒是指硒与有机物质结合的硒化物的总称。生物硒是指生物体内所有硒的总称，主要是有机硒（硒蛋白），其中包括少量无机态的硒。无机硒是指硒的无机化合物，如硒酸钠、亚硒酸钠。

（4）什么是硒蛋白？

硒蛋白是指分子中具有硒半胱氨酸的蛋白质。广义来说，是硒氨基酸参与合成或以某种形式结合后形成的蛋白质，都可以称为硒蛋白。硒蛋白多是具有生物活性的酶类，如谷胱甘肽过氧化物酶等具有抗氧化、抗癌功能的活性酶。

（5）什么是硒多糖？

硒多糖为硒与多糖的一种结合产物，既兼具硒与多糖二者的活性，又更优于二者。硒多糖既可有效避免补充无机硒所引起的中毒，又保留了多糖的药理活性。

（6）什么是硒酵母？

酵母菌在培养过程中在培养基中添加适量无机硒化合物，酵母菌在生长过程中吸收无机硒并转化为有机态的硒（以硒蛋氨酸和硒半胱氨酸为主），这种富含有机硒的酵母菌经加工后就是酵母硒。

（7）喝富硒茶有用么？

富含硒元素的茶被称为富硒茶，其硒元素含量远高于其他茶叶。富硒茶的好处包括：①降脂减肥，防止心血管疾病。②防癌。富硒茶所含的成分包括硒元素、茶多酚及咖啡因，三者产生综合作用，除了起到提神、养神之效，更具备提高人体免疫力和抗癌的功效（图9-4）。

图 9-4　富硒茶有益健康

（8）什么是富硒蔬菜（水果）？

富硒蔬菜（水果）就是通过生物转化方法，在植物生长过程中，将硒元素导入其体内，从而生产有机硒含量较高的蔬菜。研究表明，人和动物对硒的吸收率及硒对人的生物活性为：无机态硒低于有机态硒，动物性硒低于植物性硒。为了消除低硒环境对人体健康带来的不良影响，人们试图通过植物将无机硒转变为生物活性较高、容易被人和动物吸收利用的有机硒，建立日常食物摄取的硒营养模式来增强人们的体质（图 9-5）。

图 9-5　富硒蔬菜营养丰富

（9）富硒蔬菜（水果）有哪些营养价值？

研究发现进食生物硒最安全有效，而且富硒蔬菜（水果）中硒主要以有机硒的形态存在，更易被人体吸收。说到其营养价值，很多人会想到维生素。其实蔬菜（水果）中含有大量水分，通常为 70%～90%，此外便是少量的蛋白质、脂肪、糖类、维生素、无机盐及纤维素，而富硒蔬菜（水果）含有硒元素，长期食用的话可以提高自身的免疫力。此外，蔬菜（水果）中含有丰富的无机盐，如钾、镁、钠、硒等无机元素，由于人体内不存在长期贮藏硒的器官，应该不断从饮食中得到足够量的硒，在体内最后代谢物为碱性，所以富硒蔬菜（水果）能够对许多器官、组织的生理功能起到重要的保护促进作用。

（10）我国富硒食品硒含量分类标准是什么？

此前，国家曾公布富硒食品的硒含量标准。这些标准规定了富硒食品中硒含量指标及检验方法，适用于对应的食品。其中，肉食、禽蛋的硒含量较高，谷物蔬菜水果较少。2017 年，中华人民共和国国家卫生和计划生育委员会、国家食品药品监督管理总局发布了《食品安全国家标准 食品中硒的测定》（GB 5009.93—2017）。

（11）目前硒产品开发有哪些形式？

硒产品主要有以下形式：

①人工合成的硒化物制剂。包括合成无机硒化物、有机硒化合物、硒酸酯多糖（硒卡拉胶）等。

②天然富硒食品。是指由天然富硒产地种植的富硒农产品及加工制品，如富硒大米、富硒茶、富硒蔬菜等。

③人工转化的富硒产品。主要是指利用富集法获得的有机硒产品。例如，通过微生物如富硒酵母、富硒真菌等富集和转化硒，或富硒种植、养殖技术获得富硒的动植物产品等。

④高新技术研制的富硒保健品和药品。通过高新技术手段，将富硒原料加工为针对某些疾病的药品或保健品，治疗特定的一些疾病。例如，有医学研究者通过硒基蛋白与硫氧还蛋白还原酶协同作用预防和治疗阿尔茨海默病，已取得一定进展。国内有报道有公司已利用纳米技术制成纳米硒制剂。

（12）为何动物类富硒产品偏少？

这是由于我国多数地区饲料、牧草硒含量较低，2/3 的地区硒含量低于

0.05 μg/g，因此，养殖的畜禽普遍硒含量较低，不能作为动物类富硒产品。在这些地区为动物性饲料补硒将成为发展畜牧、牲畜和水产业的重要举措。

9.5 硒之产业

（1）什么是硒产业？

硒产业是指以硒元素为主体，通过种植、养殖、生产、加工、流通、旅游、金融、服务、互联网络等为载体和附加，将硒元素作为构成产品价格的核心要素，通过硒附加值在产业结构体系上的重构，完善产业结构，改变经济增长方式，更好地适应和引领经济新常态。具体来说，就是以富硒农业为基础，以富硒食品加工、富硒生物医药为支撑，以富硒健康养生旅游业为延伸，推进硒资源一二三产业融合发展（图9-6）。

图 9-6　硒产业链条

（2）硒产业发展分为几个阶段？

硒产业发展分为 4 个阶段。硒产业 1.0，即人们刚认识硒，对硒的健康作用还不全面了解，只知道农产品中含硒，只是一个概念，处于混沌状态；硒产业 2.0，即 X+ 硒，人们对硒的作用有了一定的了解，是以具体的产品为主体，硒是载体，说明产品中含硒可提高附加值；硒产业 3.0，即硒 +X，是以硒为核心要素，以具体产品为载体，实现硒 + 一二三产业的融合，涉硒的产业均可统计为硒产业生产总值；硒产业4.0，即硒+X的升级版，就是硒可以融合于各大产业中，相融相通，产品极大地丰富化、多元化、个性化和大众化，与人们生活紧密相连，与大健康无缝对接，并且都是高端的有效供给，且价格平民化。

（3）我国硒产业发展现状如何？

我国是目前世界上硒产业做得最好的国家之一，全国有24个省（自治区、直辖市）发现有天然富硒土壤，在我国居民对食品营养要求日益提高的背景下，开发硒资源、利用硒资源、发展硒产业的热潮正在国内兴起。近年来，已有15个省（自治区、直辖市）90多个富硒区开始发展富硒产业，湖北、陕西、江西、广西、青海、湖南、重庆等地已把富硒产业发展纳入全省经济社会发展大战略，各地富硒产业竞相发展，呈现出前所未有的发展热潮和发展势头。2020年国家功能农业科技创新联盟专门组织评选出了江西宜春、湖北恩施、陕西安康等12个"全国硒资源变硒产业十佳地区"。

图9-7　全国硒资源变硒产业十佳地区

（4）富硒产品的市场前景怎么样？

从市场看，富硒产品能够几倍甚至几十倍地提高农作物的价值，一问世即走俏市场，并开拓了一批国外市场。被食疗专家们誉为"最佳抗癌防癌食品"的红薯和糖尿病患者理想补糖食物的南瓜在应用富硒技术后，硒含量明显增加，成为更加营养保健的"药薯""药瓜"，人们直接食用富硒红薯、富硒南瓜或其加工品，可有效降低癌症发病率，起到辅助治疗作用，从而实现"食补"。富硒农产品与其他农产品相比，价格上虽高出几倍，但销路却很好。专家预测，在未来几年，富硒农产品的市场开发前景极为广阔，并具有较强的出口创汇优势。

（5）富硒农业的概念是什么？

自从我国加入世界贸易组织以来，伴随着经济腾飞，人们对健康食品的要求越来越高，同时经过一段时间的科普及人们对保健知识的学习，很多人都意识到了硒元素对人体有提高免疫力和抗氧化功能。由于人体内无法合成硒元素，要想补充必须从外源性食物中获取，而富硒农产品是人们获取并补充硒元素的较好来源。富硒农业种植作为功能性农业应运而生，主要通过利用富硒土壤或者其他生物技术手段使生产出的农业产品富含硒元素，从而实现农产品特定补硒的营养目标，使其具备人们要求的保健功能。

（6）我国发展富硒农业的前景如何？

我国富硒农业种植主要是以自然的富硒地为主，截至目前，已经在多个省份发现了具备富硒农业发展条件的自然富硒土壤，从事富硒农业种植的产业逐步完善，很多富硒地区已经形成了特色鲜明的富硒农业种植经济。但从整体看，我国自然富硒地区数量并不多，目前发现的总面积也不是很大，土壤中硒元素含量高的更是少之又少，属于稀缺的农业生产资源。按土壤中含硒元素的分类标准，含硒均值在 $0.4 \sim 3.0$ mg/kg 才属于富硒土壤，这些地区对发展富硒农业种植是十分有利的，因此，我们必须珍惜并科学规划、利用好宝贵的资源。

（7）富硒农业发展的主要问题有哪些？

我国大部分地区富硒农业发展还处于起步阶段，规模小、产业化水平较低。例如，目前富硒地区产业发展中原料基地配套薄弱，基地建设与当地农民之间利益链接机制不完备；许多加工企业缺少稳定可靠的原料保障；多数企业科技力量薄弱，研发投入不够，缺乏自主知识产权的技术和产品；另外，由于富硒产业需要相关技术人员，而目前从事相关专业的人才偏少，这些都是产业发展中存在的问题。

（8）什么是富硒农产品深加工？

富硒农产品深加工是指开展富硒农产品加工特性研究，建立相关参数数据库；并应用干燥、粉碎、挤压、膨化、成型等技术，开发主食化、速食化、休闲类等系列地域性特色富硒加工产品，同时开展富硒加工产品的安全评定研究。

（9）目前的硒标准有哪些？

目前涉及硒的国际标准、国家标准、行业标准、地方标准、企业标准总计 280 多项，涉及食品安全、农业、水利、有色金属、化工、卫生、商检、煤炭、机械、地质矿产等 10 多个领域。其中，湖北省相关部门参与制定并颁布的标准共 6 项，分别是农业行业标准《甘味股蓝生产技术规程》，湖北省食品安全地方标准《富有机硒食品硒含量要求》《富硒甘味绞股蓝栽培技术规程》《恩施硒土豆生产技术规程》《富硒茶》《硒虫草子实体》。此外，《土壤中有效硒的测定》等行业标准，《食品中无机硒的检测方法》《富硒马铃薯生产技术规程》等地方标准正在制定。

（10）什么是富硒产品认证？

富硒产品认证是依据我国相关法律法规，结合市场需求而推出的认证业务，旨在为富硒产业的规范发展提供第三方合格评定服务，以积极回应市场需求，支持富硒产业的发展。一般富硒产品证书有效期最长为 36 个月，但每年都需要通过审核。

①认证范围。富硒产品种植类及其制品，包括稻谷类、小麦类、高粱类、玉米类及其制品；马铃薯、豆类、蔬菜类、水果类及其制品；富硒产品养殖类及其制品，包括肉制品、蛋制品、牛奶、水产品等，具体参考《富硒产品认证技术规范》中的产品认证范围。

②富硒认证价值。通过认证机构认证的富硒产品，能够保证其产品硒含量达到国家标准和认证技术规范的要求，其产品品质将会得到保障；通过富硒产品认证的企业可证明所生产的富硒产品达到认证规则的标准，可减少监

管部门和企业对于富硒产品重复检验的费用，便于管理；富硒产品认证可以抢占市场先机，紧跟行业潮流，同时富硒产品认证可以提高企业竞争力，从而扩大市场份额；有助于树立企业的品牌形象，提升企业知名度，获得社会各界对于企业的认可，保持企业的良好发展。

③认证条件。取得国家工商行政管理部门或有关机构注册登记的法人资格；已取得相关法规规定的行政许可（适用时）；生产、加工的产品符合中华人民共和国相关法律、法规、安全卫生标准和有关规范的要求；建立和实施了文件化的富硒产品管理体系，并有效运行 3 个月以上；申请认证的产品类别应在富硒产品的认证范围内。

（11）国家级硒学会（协会）有哪些？

目前，全国性硒学会（协会）有 4 个：中国农业技术推广协会富硒农业技术专业委员会、中国农业国际合作促进会功能农产品委员会、硒产业技术与健康中国创新平台联盟、国家功能农业科技创新联盟。

（12）我国现有硒标准主要有哪些？

全国标准信息公共服务平台发布的国内涉硒标准情况：现有国家标准42 项，目前大宗农产品硒标准仅有《富硒稻谷》（GB/T 22499—2009）为国家推荐性标准，有一项包含了《食品安全国家标准　食品营养强化剂　亚硒酸钠》（GB 1903.9—2015）、《食品安全国家标准　食品营养强化剂　富硒酵母》（GB 1903.21—2016）、《食品安全国家标准　食品营养强化剂　L-硒-甲基硒代半胱氨酸》（GB 1903.12—2015）、《食品安全国家标准　食品营养强化剂　硒化卡拉胶》（GB 1903.23—2016）、《食品安全国家标准　食品营养强化剂　富硒食用菌粉》（GB 1903.22—2016）、《食品安全国家标准　食品营养强化剂　硒蛋白》（GB 1903.28—2018）等 6 个硒营养强化剂的国家强制性标准，其余大部分为各种产品的硒检测方法；现有行业标准 108 项，其中涉硒农产品和食品行业标准以单项农产品为主，如富硒茶、富硒大蒜等，全国供销合作社 2017年发布并实施《富硒农产品标准》（GH/T 1135—2017）；现有地方标准 201 项，包括农产品及食品硒含量分类标准、单品富硒标准及富硒食品标签等，如江西省地方标准《富硒食品硒含量分类标准》（DB36/T 566—2017）、湖北省地方标准《富有机硒食品硒含量要求》（DBS42/ 002—2021）、陕西省地方标准《富硒含硒食品与相关产品硒含量标准》（DB61/T 556—2018）等。

2011 年颁布的《食品安全国家标准　预包装食品营养标签通则》（GB 28050—2011）规定了富硒食品的营养声称，2012 年颁布的《食品安全国家标准　食品营养强化剂使用标准》（GB 14880—2012）将硒列入了营养强化剂范畴。

（13）国家对硒产业发展有哪些支持政策？

2019 年，国务院出台《关于促进乡村产业振兴的指导意见》，对因地制宜发展小宗类、多样性特色种养等工作进行部署安排，其中包含富硒农产品的开发与利用。2020 年，农业农村部印发《全国乡村产业发展规划（2020—2025 年）》，明确指出乡村特色产业是乡村产业的重要组成部分，鼓励开发包括富硒产品在内的营养健康系列化产品，并将积极探索富硒农业标准发展思路和规划，完善富硒农产品标准体系，开展全国农产品主产区 1∶1 万土地质量地球化学调查等。2021 年，农业农村部和江西省人民政府联合印发《共建江西绿色有机农产品基地试点省工作方案（2021—2025 年）》，双方建立联席会议制度，合力推进富硒农产品开发等工作。

9.6　硒之宜春

（1）宜春是富硒区域吗？

宜春土壤硒资源丰富，分布面积大（图 9-7）。全市富硒土壤（以总硒含量 ≥ 0.4 mg/kg 计）面积 780 万亩，占全市国土面积的 28%，是与恩施、安康齐名的全国三大著名富硒地，其中温汤富硒温泉更是世界知名的养生圣地。富硒耕地面积 252 万亩；潜在富硒土壤面积 765 万亩（以 0.3 mg/kg ＜总硒含量＜ 0.4 mg/kg），占全市国土面积的 27%，潜在富硒耕地面积 292 万亩。富硒和潜在富硒土壤面积达 1545 万亩，占全市国土面积的 55% 以上，分布在全市 83 个乡镇。

（2）宜春现有哪些富硒农产品？

经过10余年的发展，宜春已开发富硒产品70多类。江西富硒产业创新联盟成立大会暨"寻味宜春天生好硒"2020年度宜春富硒农产品评选活动结果发布会上，正式发布并推介的获奖富硒农产品有：10个消费者最满意宜春富硒农产品、10个最具发展潜力的宜春特色富硒农产品及15个消费者最满意宜春富硒农产品。

①消费者最满意十大宜春富硒农产品："宜春大米"富硒家宴米、"乡意浓"生态富硒大米、"新田岸"油茶籽油、"红圣银叶"富硒白茶、"九云牌"靖安白茶、"恒晖"富硒芦笋、"陈弥"猕猴桃、"温汤佬"富硒盐皮蛋、"恒晖"富硒三黄鸡、"山青青"笋丝。

②最具发展潜力的十大宜春特色富硒农产品："汤周山"鲜百合、上高紫皮大蒜、"果易健"花生、"樟嘉湾"黄精、"石西山房"铁皮石斛、"鹌和鹑祥"鹌鹑蛋、"青雀高飞"红茶、"绿万佳"富硒皇菊、"大观楼"腐竹、"绣香谷"紫薯粉。

③消费者最满意宜春富硒农产品优秀奖："梦湖"富硒米、"金特莱"大米、"明月山"硒米、"介山村"有机富硒米、"雷代表"生态富硒米、"御润坊"油茶籽油、"铜鼓春韵"宁红茶、"茶立方印象"富硒白茶、"蓝贵妃"蓝莓、"恒晖"富硒板栗小南瓜、"恒晖"富硒土鸡蛋、"绿万佳"富硒鸡蛋、"勤惠源"马铃薯扎粉、"明皇菊"菊花茶、"明月柒酿"含硒米醋。

（3）宜春主要涉硒企业有多少家？

目前，从事硒产品生产、加工、流通的经营主体有近400家，其中，国家级农业产业化龙头企业有5家，分别是宜春市袁州区中州米业有限公司、江西樟树天齐堂中药饮片有限公司、江西恒顶食品有限公司、高安市盛发粮油有限公司、江西金农米业集团有限公司；省级农业产业化龙头企业有66家，包括江西星火农林科技发展有限公司、江西省春丝食品有限公司、江西粒粒香生态农业发展有限公司、江西三爪仑绿色食品开发有限责任公司、江西新西蓝生态农业科技有限责任公司、江西谷物源食品有限公司、上高县茶衫禽业有限公司、江西秋禾米业有限公司、江西省春大地农业生态发展有限公司、江西万载千年食品有限公司、江西温汤佬食品有限责任公司等；市级龙头企业有 25 家。

（4）宜春有哪些机构和平台推进硒产业发展？

宜春市市本级成立了书记、市长"双组长"的产业发展领导小组，建立了定期调度、联席会议、督查考核、产业统计等制度，将富硒产业纳入高质量发展和乡村振兴战略考核评价体系，并设立了市硒资源开发利用中心（市农业发展中心）统筹推进富硒产业发展。

建设了 7 个平台：①组建宜春市富硒食品工程技术研究中心，通过对富硒产业和富硒产品开发的关键性技术攻关和生产工艺研究，有力推进宜春市富硒食品产业的发展。②组建江西富硒产业研究院，着力打造"立足宜春、面向南方、国内领跑、国际影响"的富硒研究创新平台。③联合中国科学技术大学苏州研究院、中国科学院东北地理与农业生态研究所、中国农业科学院油料作物研究所等 171 家单位组建江西富硒产业创新联盟，打造富硒产业"产学研用"融合创新与推广平台。④成功引进全国功能农业领域权威赵其国院士团队建立院士工作站，并加快创建省级富硒功能农业工程技术研究中心。⑤建成全省唯一一家高等学校硒农业工程技术研究中心，面向硒功能农业农产品研发与检测、农业生态环境健康及可持续发展开展相关研究。⑥建立中国营养学会宜春服务站。搭建了学会专家与宜春企业的交流合作平台，推进学会与地方发展链接互动。⑦成立宜春学院硒与大健康产业学院，组建 22 人的博士队伍，开展硒与环境健康、硒与植物机制、硒与动物营养、硒产品与标准等 4 个方向的研究，为全市富硒产业发展提供科技支撑和人才支撑。

（5）宜春的硒温泉真的很神奇吗？

宜春温汤温泉之所以闻名于世，是因为它是全世界仅有的富硒低硫温泉。目前全世界只有两个地方发现了"富硒低硫"泉水，而这两处之一的艾克斯莱班，却属于冷水泉，并不是温泉，所以宜春温汤温泉是独一无二的。温汤温泉在抗癌、预防心血管疾病、延缓衰老、预防老年慢性疾病等方面都具有一定功效。特别是在昼夜温差大且较为潮湿的宜春地区，风湿与类风湿疾病、关节炎、皮肤病等发病率较高，而温汤温泉对这方面的疾病也有较为明显的疗效。所以说，温汤温泉是天赐的宝藏也不为过。

（6）江西省对硒产业发展有哪些支持政策？

2019年，江西省农业农村厅印发《关于加快推进全省富硒农业高质量发展的指导意见》，要加快赣西、赣南、环鄱阳湖三大富硒区域发展，到2022年，全省富硒农业综合产值要达到600亿元以上。2020年，江西省农业农村厅办公室印发《2020年全省富硒农业产业发展工作要点》，将富硒农业产业发展纳入省现代农业发展领导小组统一调度，统筹协调富硒农业产业发展。2021年，江西省人民政府印发《江西省乡村振兴促进条例》提出，要推动富硒农业发展。2022年，江西省人民政府印发《江西省"十四五"农业农村现代化规划》，提出要以培育"天然富硒农产品"为重点，因地制宜，大力发展"高标准、高品质、高技术、强品牌"的特色富硒农业，统筹推进富硒农业高质量发展。2022年，江西省人民政府办公厅印发《加快推动富硒功能农业高质量发展三年行动方案（2023—2025年）》，提出要科学确定产业布局，以赣西、赣南为主的24个县（市、区）作为重点，分层次发展富硒种养业、精深加工、康养旅游业，辐射拓展到省内其他富硒地区。在重点产业上，加快推进富硒稻米、富硒水果、富硒蔬菜（竹笋）、富硒油菜、富硒茶叶、富硒禽蛋等产业，各地结合实际发展特色产业。

（7）宜春对硒产业发展有哪些政策？

2018年，宜春市人民政府印发《关于进一步加快全市富硒产业发展实施意见》，明确了针对科研平台、基地、农业龙头企业、标准体系、品牌、科技创新等的16条财政扶持具体举措。2019年，宜春市委、市政府印发《宜春市富硒产业发展规划（2018—2022）》，明确"一区两带三核六园"空间布局；同年，宜春市委办公厅、市政府办公厅印发《关于加快全市富硒产业高质量跨越式发展的若干措施》，提出市财政每年安排富硒产业发展专项资金用于支持富硒产业基地建设、科技创新、标准制定品牌创建和宣传推介等，县级财政按1∶1比例配套支持。2020年，宜春市人民政府办公厅印发《"宜春大米"品牌建设三年行动计划（2020—2022年）》，构建"宜春大米＋N个企业品牌"的品牌体系，建立"龙头企业＋农户"的利益联结和共享机制，促进宜春市稻米产业转型升级；同年，宜春市委、市政府印发《以富硒产业为引领全域创建富硒绿色有机农产品大市三年行动方案（2020—2022年）》，要求以富硒产业为引领，实施"六大行动"，推动三产融合发展，全域创建富硒绿色有机农产品大市，着力打造千亿级富硒绿色有机产业链。2021年，宜春市委办、市政府办公厅印发《关于支持全市富硒产业做大做强的若干措施》，针对富硒产业发展融资、市场、人才、用地等难点堵点问题，明确了19条硬措施。2022年，宜春市人民政府办公厅印发《关于推进全市富硒竹笋产业高质量发展的实施方案（2022—2025年）》《关于推进全市富硒禽蛋产业高质量发展的实施方案（2022—2025年）》，规划打造宜春大米、富硒竹笋、富硒禽蛋3个百亿产业集群，着力构建起特色优势明显的富硒绿色有机主导产业。

（8）目前宜春富硒产业发展规划布局是什么？

"一区两带三核八园"。"一区"：国际知名硒产业发展示范区；"两带"：以袁州、明月山、万载为中心，辐射铜鼓、宜丰、奉新、靖安一线的农、旅、养融合的富硒生态康养旅游产业带，以丰城、高安、樟树、上高为主线的集富硒产品研发、加工制造、冷链物流于一体的富硒资源综合利用产业带；"三核"：袁州、万载富硒产业发展科技创新核，明月山富硒养生旅游产业发展核，丰城、高安富硒产业发展集成示范核；"八园"：袁州、丰城、高安、宜丰富硒大米产业园，袁州、丰城富硒油茶产业园，樟树、上高、铜鼓富硒中药材产业园，奉新、宜丰富硒猕猴桃产业园，高安富硒肉牛产业园，袁州、上高富硒食品加工产业园，宜丰、铜鼓富硒竹笋产业园，上高、丰城富硒禽蛋产业园。

（9）宜春富硒数字农业发展现状如何？

宜春富硒数字农业呈现六大亮点：①物联网技术。基于物联网技术，通过大量广泛布设的无人自动农业数据收集系统完成对富硒农业基础信息数据的收集。②区块链技术。将富硒农产品从生产、加工、物流、销售各个环节产生的数据上链，记录到区块链分布式网络中，对于富硒农产品溯源信息进行保护，确保其不可被更改、不可被否认。③人工智能。通过人工智能技术完成对富硒作物病虫害和生长状态的识别，并对所收集的数据进行训练，使之完成更为准确的预测。④大数据与云计算。通过物联网技术、移动计算技术收集富硒农业海量数据，并将其可靠、安全地进行分类存储，实现跨行业、跨专业、跨领域的数据分析和挖掘。⑤三维 GIS 平台。构建基于地形地貌的农业三维地理信息系统，完成整个富硒地区在数字世界的虚拟呈现。⑥农业电子商务。包含富硒农业产品和富硒农业服务的电子商务交易平台，充分利用互联网的易用性、广域性和互通性，实现快速可靠的富硒功能农产品商务信息交流和业务交易。

（10）宜春富硒产业发展具有哪些优势？

赵其国院士用"有硒有地""有硒有泉""有硒有人"来概括宜春富硒产业优势。具体有"五个好"：①地质条件好。宜春山地面积约占 35%、丘陵近 40%、平原约 25%，山地、丘陵、平原层次分明，可以因地制宜布局富硒产业发展，在山林地区大力发展农、旅、养融合的富硒生态康养旅游业，在丘陵、平原地区大力发展集富硒规模种养、产品研发加工、冷链物流于一体的富硒资源综合利用产业。②耕地资源好。全市已探明硒土壤中，富硒耕地面积 252 万亩、潜在富硒耕地面积 292 万亩。充沛的富硒耕地资源，有利于推进富硒作物规模化、标准化种植。③产品基础好。宜春是全国重要的商品粮、茶油、生猪生产基地，粮、油、畜、禽等大宗农产品产量均占江西省 1/5 左右。以大宗农产品为富硒主打产品，有利于形成巨大的市场效应。④富硒温泉好。温汤温泉水温常年保持在 68～72 ℃，日出水量达 1 万吨，是我国唯一可饮可浴可治病的富硒温泉，堪比法国埃克斯温泉，被赞为"华夏第一硒泉"。这是全国仅此一家的"金字招牌"，有利于转化为高效益拳头产品，发展富硒康养业优势得天独厚。⑤区位交通好。宜春处于珠三角、长三角共同腹地，与长江经济带相连，高铁、高速四通八达，明月山机场直抵全国 16 个大城市。宜春在全国主要富硒区内堪称区位交通最优，便利的交通条件有利于降低物流成本，吸引大量企业、人才和资金。

参考文献

［1］ ARNAUT P R, SILVA VIANA G, FONSECA L, et al. Selenium source and level on performance, selenium retention and biochemical responses of young broiler chicks ［J］. Bmc Vet Res, 2021, 17（1）: 151-163.

［2］ AYCAN Z, CANGUL H, MUZZA M, et al. Digenic DUOX1 and DUOX2 mutations in cases with congenital hypothyroidism ［J］. J Clin Endocr Metab, 2017, 102（9）: 3085-3090.

［3］ BJØRKLUND G, AASETH J, AJSUVAKOVA O P, et al. Molecular interaction between mercury and selenium in neurotoxicity ［J］. Coordination chemistry reviews, 2017（332）: 30-37.

［4］ BOGUMIŁA P, AGNIESZKA T M, RENATA P, et al. Eggs as a source of selenium in the human diet ［J］. Journal of food composition and analysis, 2019, 78（78）: 19-23.

［5］ CARTES P, JARA A A, PINILLA L, et al. Selenium improves the antioxidant ability against aluminium-induced oxidative stress in ryegrass roots ［J］. Ann Appl Biol, 2010, 156（2）: 297.

［6］ CHANG C Y, YIN R S, WANG X, et al. Selenium translocation in the soil-rice system in the Enshi seleniferous area, Central China ［J］. Sci Total Environ, 2019（669）: 83-90.

［7］ DINH Q T, CUI Z, HUANG J, et al. Selenium distribution in the Chinese environment and its relationship with human health: a review ［J］. Environment international, 2018（3）: 294-309.

［8］ DINH Q T, WANG M, TRAN T, et al. Bioavailability of selenium in soil-plant system and a regulatory approach ［J］. Crit Rev Env Sci Tec, 2018, 49（6）: 443-517.

［9］ DUNGAN R S, FRANKENBERGER W T. Microbial transformations of selenium and the bioremediation of seleniferous environments［J］. Bioremediation journal, 1999, 3（3）: 171−188.

［10］ EVANS S O, KHAIRUDDIN P F, JAMESON M B. Optimising selenium for modulation of cancer treatments［J］. Anticancer research, 2017, 37（12）: 6497−6509.

［11］ GAN F, ZHOU Y, HU Z, et al. GPx1−mediated DNMT1 expression is involved in the blocking effects of selenium on OTA−induced cytotoxicity and DNA damage［J］. Int J Bilo Macromol, 2020（146）: 18−24.

［12］ GUPTA M, GUPTA S. An overview of selenium uptake, metabolism, and toxicity in plants［J］. Front Plant Sci, 2016（7）: 2074.

［13］ HANAHAN D, WEINBERG R A. Hallmarks of cancer: the next generation［J］. Cell, 2011, 144（5）: 646−674.

［14］ HEMKEMEYER M, SCHWALB S A, HEINZE S, et al. Functions of elements in soil microorganisms［J］. Microbiological research, 2021（252）: 126832.

［15］ HUANG S W, WANG Y, TANG C, et al. Speeding up selenite bioremediation using the highly selenite−tolerant strain Providencia rettgeri HF16−A novel mechanism of selenite reduction based on proteomic analysis［J］. Journal of hazardous materials, 2021（406）: 124690.

［16］ KENFIELD S A, VAN B, NATALIE D P, et al. Selenium supplementation and prostate cancer mortality［J］. Journal of the national cancer institute, 2015, 107（1）: 360.

［17］ KHANAM A, PLATEL K. Bioaccessibility of selenium, selenomethionine and selenocysteine from foods and influence of heat processing on the same［J］. Food chemistry, 2016（194）: 1293−1299.

［18］ KIELISZEK M, BŁAŻEJAK S, GIENTKA I, et al. Accumulation and metabolism of selenium by yeast cells［J］. Appl Microbiol Biot, 2015,

99（13）：5373-5382.

[19] KRISNAN R, RETNANI Y, TANGENDJAJA B, et al. The effect of different types of in ovo selenium injection on the immunity, villi surface area, and growth performance of local chickens [J]. Vet world, 2021, 14（5）：1109-1115.

[20] LI D B, CHENG Y Y, WU C, et al. Selenite reduction by Shewanella oneidensis MR-1 is mediated by fumarate reductase in periplasm [J]. Scientific reports, 2014, 4（1）：1-7.

[21] LI Z, LIANG D L, PENG Q, et al. Interaction between selenium and soil organic matter and its impact on soil selenium bioavailability: a review [J]. Geoderma, 2017（295）：69-79.

[22] LIN X, YANG T, LI H, et al. Interactions between different selenium compounds and essential trace elements involved in the antioxidant system of laying hens [J]. Biol Trace Elem Res, 2020, 193（1）：252-260.

[23] LIU L, CHEN D, YU B, et al. Influences of selenium-enriched yeast on growth performance, immune function, and antioxidant capacity in weaned pigs exposure to oxidative stress [J]. Biomed Res Int, 2021（9）：1-11.

[24] MARCO V, MASSIMO V, LAUREN A, et al. Cancer incidence following long-term consumption of drinking water with high inorganic selenium content [J]. Science of the total environment, 2018（635）：390-396.

[25] MARIN G J, MAHAN D C, PATE J L. Effect of dietary selenium and vitamin E on spermatogenic development in boars [J]. J Anim Sci, 2000, 78（6）：1537-1543.

[26] MARIOTTI M, SALINAS G, GABALDÓN T, et al. Utilization of selenocysteine in early-branching fungal phyla [J]. Nature microbiology, 2019, 4（5）：759-765.

[27] MEENA A M, YAN W, TIANLE X, et al. Lipopolysaccharide induces oxidative stress by triggering MAPK and Nrf2 signalling pathways in

mammary glands of dairy cows fed a high-concentrate diet ［J］. Microb pathogenesis, 2019（128）: 268-275.

［28］ MENG T T, LIN X, XIE C Y, et al. Nanoselenium and selenium yeast have minimal differences on egg production and Se deposition in laying hens ［J］. Biol Trace Elem Res, 2021, 199（6）: 2295-2302.

［29］ NANCHARAIAH Y V, LENS P N L. Ecology and biotechnology of selenium-respiring bacteria ［J］. Microbiology and molecular biology reviews, 2015, 79（1）: 61-80.

［30］ NATASHA, SHAHID M, NIAZI N K, et al. A critical review of selenium biogeochemical behavior in soil-plant system with an inference to human health ［J］. Environ pollut, 2018（234）: 915-934.

［31］ PAPADOMICHELAKIS G, ZOIDIS E, PAPPAS A C, et al. Effects of increasing dietary organic selenium levels on meat fatty acid composition and oxidative stability in growing rabbits ［J］. Meat Sci, 2017（131）: 132-138.

［32］ PENG Q, WANG M K, CUI Z W, et al. Assessment of bioavailability of selenium in different plant-soil systems by diffusive gradients in thin-films（DGT）［J］. Environ Pollut, 2017（225）: 637-643.

［33］ PENG T, LIN J, XU Y Z, et al. Comparative genomics reveals new evolutionary and ecological patterns of selenium utilization in bacteria ［J］. The ISME journal, 2016, 10（8）: 2048-2059.

［34］ PILBEAM D J, GREATHEAD H M R, DRIHEM K. Selenium. In: AV Barker, DJ Pilbeam, eds. A handbook of plant nutrition, 2nd edn ［M］. Boca Raton, FL: CRC Press, 2015: 165-198.

［35］ PILON S E A, LEDUC D L. Phytoremediation of selenium using transgenic plants ［J］. Curr Opin Biotechnol, 2009, 20（2）: 207-212.

［36］ RAYMAN M P. Selenium and human health ［J］. The lancet, 2012, 379（9822）: 1256-1268.

［37］ ROMERO H, ZHANG Y, GLADYSHEV V N, et al. Evolution of selenium utilization traits [J]. Genome biology, 2005, 6 (8): 1–11.

[38] SAKATA K, YOSHIZUMI T, IZUMI T, et al. The role of DNA repair glycosylase OGG1 in intrahepatic cholangiocarcinoma [J]. Anticancer Res, 2019, 39 (6): 3241–3248.

[39] SERRÃO V H B, SILVA I R, DA SILVA M T A, et al. The unique tRNA Sec and its role in selenocysteine biosynthesis [J]. Amino Acids, 2018, 50 (9): 1145–1167.

[40] SHI L D, LV P L, NIU Z F, et al. Why does sulfate inhibit selenate reduction: molybdenum deprivation from Mo–dependent selenate reductase [J]. Water research, 2020 (178): 115832.

[41] TAN Y, WANG Y, WANG Y, et al. Novel mechanisms of selenate and selenite reduction in the obligate aerobic bacterium comamonas testosteroni S44 [J]. Journal of hazardous materials, 2018 (359): 129–138.

[42] VALKO M, RHODES C J, MONCOL J, et al. Free radicals, metals and antioxidants in oxidative stress–induced cancer [J]. Chem–Biol Interact, 2006, 160 (1): 1–40.

[43] VAN H T, ABDELG S, HALE K L, et al. Overexpression of cystathionine–gamma–synthase enhances selenium volatilization in Brassica juncea [J]. Planta, 2003, 218 (1): 71–80.

[44] WAN S, KUO N, KRYCZEK I, et al. Myeloid cells in hepatocellular carcinoma [J]. Hepatology, 2015, 62 (4): 1304–1312.

[45] WANG D, DINH Q T, ANH T T T, et al. Effect of selenium–enriched organic material amendment on selenium fraction transformation and bioavailability in soil [J]. Chemosphere, 2018 (199): 417–426.

[46] WANG D, RENSING C, ZHENG S. Microbial reduction and resistance to selenium: mechanisms, applications and prospects [J]. Journal of hazardous materials, 2022 (421): 126684.

[47] WANG Y, LAI C Y, WU M, et al. Roles of oxygen in methane–dependent

selenate reduction in a membrane biofilm reactor：stimulation or suppression ［J］. Water research，2021（198）：117150.

［48］ WELLS M，MCG J，GAYE M M，et al. Respiratory selenite reductase from bacillus selenitireducens strain MLS10［J］. Journal of bacteriology，2019，201（7）：e00614-18.

［49］ XIAO Q，LI X，GAO G，et al. Nitric oxide enhances selenium concentration by promoting selenite uptake by rice roots［J］. Journal of plant nutrition and soil science，2017，180（6）：788.

［50］ XINXIA L，JUNYANG Z，ZHIXIAO W，et al. An inhibitor role of Nrf2 in the regulation of myocardial senescence and dysfunction after myocardial infarction［J］. Life Sci，2020（259）：118199-118235.

［51］ XU X，CHENG W，LIU X，et al. Selenate reduction and selenium enrichment of tea by the endophytic Herbaspirillum sp. strain WT00C［J］. Current microbiology，2020，77（4）：588-601.

［52］ ZHANG L，ZENG H，CHENG W H. Beneficial and paradoxical roles of selenium at nutritional levels of intake in healths plan and longevity［J］. Journal of nutrition，2018，148（1）：22-40.

［53］ ZHANG S，XIE Y，LI M，et al. Effects of different selenium sources on meat quality and shelf life of fattening pigs［J］. Animals，2020，10（4）：615-627.

［54］ ZHANG Y，ROH Y J，HAN S J，et al. Role of selenoproteins in redox regulation of signaling and the antioxidant system：a review［J］. Antioxid Redox Sign，2020，9（5）：383-400.

［55］ ZHU D，NIU Y，FAN K，et al. Selenium-oxidizing agrobacterium sp. T3F4 steadily colonizes in soil promoting selenium uptake by pak choi（Brassica campestris）［J］. Science of the total environment，2021（791）：148294.

［56］ 艾春月. 天然茶叶中有机硒形态及其质量标准研究［D］. 南昌：南昌

大学，2019.

［57］安梦鱼，张青，王煌平，等. 土壤植物系统硒累积迁移的影响因素及调控［J］. 中国农学通报，2017，33（11）：64-68.

［58］陈俊坚，张会化，余炜敏，等. 广东省土壤硒空间分布及潜在环境风险分析［J］. 生态环境学报，2012，21（6）：1115-1120.

［59］陈庞，柳巨雄. 补充维生素E和硒对围产期奶牛分娩应激和繁殖性能的影响［J］. 中国畜牧杂志，2020，56（5）：142-146.

［60］成晓梦，马荣荣，彭敏，等. 中国大宗农作物及根系土中硒的含量特征与富硒土壤标准建议［J］. 物探与化探，2019，43（6）：1367-1372.

［61］程建中，杨萍，桂仁意. 植物硒形态分析的研究综述［J］. 浙江农林大学学报，2012，29（2）：288-295.

［62］范书伶，王平，张珩琳，等. 环境中硒的迁移、微生物转化及纳米硒应用研究进展［J］. 科学通报，2020，65（26）：2853-2862.

［63］方勇，罗佩竹，胡勇，等. 大蒜的生物富硒作用及其硒的形态分析［J］. 食品科学，2012，33（17）：1-5.

［64］方勇，杨文建，马宁，等. 体积排阻色谱—电感耦合等离子体质谱分析富硒大米含硒蛋白组成［J］. 分析化学，2013，41（6）：882-887.

［65］高愈希，蒲云霞，彭晓敏，等. 反相离子对高效液相色谱—电感耦合等离子体质谱法测定富硒酵母中硒［J］. 理化检验（化学分册），2013，49（6）：701-704.

［66］高忠新，孙淑静，李振. 壳聚糖硒对肉仔鸡生产性能、肠道菌群的影响［J］. 粮食与饲料工业，2013（9）：42-48.

［67］龚如雨，张宝军，艾春月，等. 大米中硒的有机形态及其生物利用度研究［J］. 中国粮油学报，2018，33（7）：1-6.

［68］郭荣富，张曦，陈克嶙. 微量元素硒代谢及硒蛋白基因表达调控最新研究进展［J］. 微量元素与健康研究，2000（1）：62-65.

［69］韩月，叶佳雯，程昌勇，等. 单增李斯特菌氧化还原蛋白系统研究进展［J］. 微生物学报，2021，61（2）：346-356.

［70］何可，苏小茵，韦慧明，等. 富硒微生物菌剂在番茄育苗中的应用［J］. 农业技术与装备，2021（12）：15–16.

［71］何巧. 水稻中硒的转运和积累特性研究［D］. 北京：中国农业科学院，2019.

［72］胡婷，向昌国. 环境硒形态测定中预处理与分析方法的研究进展［J］. 湖南农业科学，2014（14）：43–46.

［73］胡文彬，贾彦博，魏琴芳，等. 应用液相色谱—原子荧光联用仪测定富硒大米中的 5 种硒形态［J］. 分析仪器，2019（1）：120–124.

［74］胡昕迪，张朝钦，王苏苏，等. Nano–Se 对镉致睾丸间质细胞凋亡保护作用的研究［J］. 营养学报，2019，41（6）：601–605.

［75］黄皓婷，王浩然，周慧妍，等. 叶面喷施微生物富硒菌肥对快菜产量及品质的影响［J］. 中国农学通报，2019，35（25）：66–71.

［76］季海冰，方敏，林洋，等. 反相离子对色谱联合电感耦合等离子体质谱法测定环境水样中 5 种形态硒［J］. 分析仪器，2019（2）：156–160.

［77］姜超强，沈嘉，祖朝龙. 水稻对天然富硒土壤硒的吸收及转运［J］. 应用生态学报，2015，26（3）：809–816.

［78］雷红灵. 植物硒及其含硒蛋白的研究［J］. 生命科学，2012，24（2）：123–129.

［79］雷磊，朱建明，秦海波，等. 硒的微生物地球化学研究进展［J］. 地球与环境，2011，39（1）：97–104.

［80］李家熙，张光弟，葛晓立，等. 人体硒缺乏与过剩的地球化学环境特征及其预测［M］. 北京：北京地质出版社，2000.

［81］李丽辉，林亲录，陈海军. 硒的生理学功能及富硒强化食品的研究进展［J］. 现代食品科技，2005（3）：198–200.

［82］李抒柏，高畅，吴贵富，等. 富硒乳酸菌中药制剂对育肥猪生长性能和肠道菌群的影响［J］. 延边大学农学学报，2019，41（3）：59–64.

［83］李天虚. 人体免疫系统简说［J］. 当代医学，2010，16（1）：20.

［84］李卫东，万海英，朱云芬，等. 恩施州天然硒资源特征及其开发利用

研究进展［J］. 生物技术进展，2017（7）：545–550.

［85］李显春，胡远芳. 硒多糖的研究进展［J］. 湖北民族学院学报（自然科学版），2008，26（4）：456–460.

［86］李艳苹，王翠翠，刘小骐. HPLC–ICP/MS 测定水体中硒形态的条件研究［J］. 盐科学与化工，2018，47（9）：29–32.

［87］李瑶佳. 富硒苦荞植株中硒的形态分析［D］. 成都：成都理工大学，2016.

［88］李哲. 外源硒在小白菜和小麦体内的分布及形态研究［D］. 咸阳：西北农林科技大学，2017.

［89］梁明振，卢克焕，黎宗强，等. 日粮不同硒水平对公猪繁殖及精浆营养生化参数的影响［J］. 广西农业生物科学，2003，22（3）：165–170.

［90］刘佳. 硒化乳酸菌胞外多糖免疫功能机制研究［D］. 宁波：宁波大学，2013.

［91］刘丽华，戚本玲，吴钦钦，等. c–Jun 对硫氧还蛋白还原酶 1 启动子转录的调控作用［J］. 中国病理生理杂志，2012，28（4）：700–707.

［92］刘振锋，东方，季宇彬，等. 硒多糖药理活性研究进展［J］. 北京联合大学学报（自然科学版），2011，25（4）：36–40.

［93］柳晨. 基于 TRX 转基因细胞抗氧化应激损伤作用中对 NO 水平的调节作用研究［D］. 大连：大连医科大学，2013.

［94］龙烁，张海军，武书庚，等. 胱氨酸类硒源对产蛋鸡蛋品质、抗氧化能力和蛋中硒含量的影响［J］. 动物营养学报，2017，29（5）：1600–1609.

［95］陆秋艳，张文婷，林秋莲，等. 高效液相色谱—电感耦合等离子体质谱联用快速同时分析水中 5 种砷和 7 种硒［J］. 环境化学，2018，37（7）：1671–1674.

［96］罗思量，游远航，刘子宁. 台北市西北部土壤硒分布特征［J］. 安徽农业科学，2013，41（4）：1508–1510.

［97］潘金德，李晓春，毛春国，等. 瑞安市农产地土壤硒含量、形态与分

布及其与土壤性质的关系［J］. 浙江农业科学，2007（6）：682-684.

［98］ 彭安，王子健，WHANGER P D，等. 硒的环境生物无机化学［M］. 北京：中国环境出版社，1995.

［99］ 彭大明. 中国硒矿资源概述［J］. 化工矿产地质，1997（1）：36-43.

［100］ 齐晓龙，武海凤，冯泽新，等. 硒对公鸡抗氧化和生殖激素及精子活力的影响［J］. 北京农学院学报，2019，34（2）：62-66.

［101］ 钱洪彬，陆江. 酵母硒对热应激致育肥猪氧化损伤保护作用的研究［J］. 中国畜牧兽医文摘，2017，33（6）：221-222.

［102］ 秦冲，施畅，万秋月，等. HPLC-ICP-MS 法测定富硒小麦中硒的形态［J］. 食品研究与开发，2019，40（2）：140-144.

［103］ 任海利，高军波，龙杰，等. 贵州开阳地区富硒地层及风化土壤地球化学特征［J］. 地球与环境，2012，40（2）：161-170.

［104］ 沈燕春，周俊. 土壤硒的赋存状态与迁移转化［J］. 安徽地质，2011，21（3）：186-191.

［105］ 生态环保部，国家市场监督管理总局. 土壤环境质量农用地土壤污染风险管控标准（试行）（GB 15618—2018）［S］. 北京：中国环境出版集团，2019.

［106］ 石磊，任有蛇，张春香，等. 不同水平母源硒对黎城大青羊后代公羔睾丸发育的影响［J］. 中国草食动物，2012，32（1）：9-12.

［107］ 谭见安. 中国人民共和国地方病与环境图集［M］. 北京：科学出版社，1989.

［108］ 铁梅. 食用菌中硒的形态分析［D］. 上海：华东师范大学，2006.

［109］ 全双梅. 贵州典型富牺区富硕农作物的筛选与区分［D］. 贵阳：贵州师范大学，2009.

［110］ 全宗喜，康世良，武瑞. 硒及硒蛋白生物学作用的研究进展［J］. 动物医学进展，2002（6）：17-19.

［111］ 王丙涛，林燕奎，颜治，等. HPLC-ICP-MS 同时检测 As 和 Se 形态的方法研究［J］. 湘潭大学自然科学学报，2010，32（2）：88-92.

［112］ 王大慧，刘恩承，王冬华，等. 两阶段 pH 控制方式提高富硒产朊假丝酵母的性能［J］. 现代食品科技，2020，36（9）：34-40.

［113］ 王浩然，张旸一，刘超杰，等. 微生物富硒菌肥在叶用莴苣生产上的应用［J］. 北京农学院学报，2019，34（2）：51-55.

［114］ 王建强，崔璐莹，李建基，等. 硒蛋白的功能及其对动物免疫的作用［J］. 动物营养学报，2019，31（9）：4008-4015.

［115］ 王俊，黄明，徐幸莲，等. 硒及富硒功能食品研究进展［J］. 江苏农业科学，2003（2）：53-56.

［116］ 王磊，杜菲，孙卉，等. 人体硒代谢与硒营养研究进展［J］. 生物技术进展，2015，5（4）：285-290.

［117］ 王立平，唐德剑，沈亚美，等. 硒的营养缺乏现状及补充方式［J］. 食品工业，2020，41（1）：339-343.

［118］ 王丽赛，廖秀冬，冯艳忠，等. 日粮硒水平对 22～42 日龄肉仔鸡生长性能及肉品质的影响［J］. 中国畜牧兽医，2020，47（7）：2063-2070.

［119］ 王巧红，吕朝辉，张利娜，等. 氧化应激在硒缺乏致鸡淋巴细胞 DNA 损伤中的作用［J］. 中国家禽，2009，31（14）：14-17.

［120］ 王玮琪，吴思源，王小垚，等. 陕西紫阳富硒核心区周边土壤中硒的赋存形态分析［J］. 环境化学，2014，33（11）：1999- 2000.

［121］ 王欣，幸苑娜，陈泽勇，等. 高效液相色谱—电感耦合等离子体质谱法检测富硒食品中 6 种硒形态［J］. 分析化学，2013，41（11）：1669-1674.

［122］ 王艺如，闫丽佳，陈洁，等. 硒和蛋白质对大鼠心肌蛋白质及 DNA 修复酶的影响［J］. 国外医学（医学地理分册），2011，32（1）：18-21.

［123］ 王俞方，肖启国，王智，等. ROS 信号通路调控 NLRP3 炎症小体在自身免疫性葡萄膜炎发生中的作用［J］. 眼科新进展，2020，40(6)：527-532.

［124］ 王泽邦. 毛细管电泳—电感耦合等离子体质谱在形态分析上的应用［D］. 天津：天津大学，2018.

［125］ 吴小玲，石建凯，张攀，等. 硒对母猪繁殖性能的影响及其作用机制［J］. 动物营养学报，2018，30（2）：444-450.

［126］ 吴钰滢. 葡萄富硒特性及形态分析［D］. 沈阳：沈阳师范大学，2019.

［127］ 肖志明，宋荣，贾铮，等. 液相色谱—氢化物发生原子荧光光谱法测定富硒酵母中硒的形态［J］. 分析化学，2014，42（9）：1314-1319.

［128］ 徐巧林，吴文良，赵桂慎，等. 微生物硒代谢机制研究进展［J］. 微生物学通报，2017，44（1）：207-216.

［129］ 叶丽. ICP-AES/MS 及其联机技术测定鸡蛋中的微量元素及形态［D］. 杭州：浙江工业大学，2007.

［130］ 印遇龙，颜送贵，王鹏祖，等. 富硒土壤生物转硒技术的研究进展［J］. 土壤，2018，50（6）：1072-1079.

［131］ 张春林，王东，王岩，等. HPLC-ICPMS 联用法测定富硒酵母粉中砷和硒的形态分析［J］. 食品科技，2019，44（6）：326-331.

［132］ 张丹丹，娄鹏博，李振. GPxs 家族的研究进展［J］. 农业技术与装备，2012（15）：66-67.

［133］ 张勇胜，李仁兰，刘妍，等. 硒对人体健康作用的研究进展［J］. 内科，2018，13（4）：623-625.

［134］ 张泽洲，朱元元，李梦，等. 生物样品中硒的形态分析方法研究进展［J］. 生物技术进展，2017，7（5）：409-414.

［135］ 章海波，骆永明，吴龙华，等. 香港土壤研究：Ⅱ. 土壤硒的含量、分布及其影响因素［J］. 土壤学报，2005，42（3）：404-410.

［136］ 赵骏，钟蓉，王洪章，等. 桑叶多糖提取工艺优选［J］. 中草药，2000（5）：29-30.

［137］ 赵宇. ICP-AES 法测定苔藓植物中微量元素［J］. 江汉大学学报（自然科学版），2007（4）：44-45.

［138］ 郑世学，粟静，王瑞，等. 硒是双刃剑：谈微生物中的硒代谢［J］. 华中农业大学学报，2013，32（5）：1-8.

［139］钟洪禄. 花生的富硒特性及硒形态分析的研究［D］. 沈阳：辽宁大学，2019.

［140］钟永生，万承波，林黛琴. 富硒鸡蛋中微量元素硒的形态分析［J］. 江西化工，2019（4）：30-32.

［141］仲兆金. 硒的生物大分子化合物在抗肿瘤研究中的应用进展［J］. 首都医药，2002（12）：60-61.

［142］朱晓华，刘晓端，刘久臣，等. 川西高原天然剖面土壤硒的含量及分布特征［J］. 生态环境学报，2015，24（4）：673.

［143］朱燕云，吴文良，赵桂慎，等. 硒在动植物及微生物体中的转化规律研究进展［J］. 农业资源与环境学报，2018，35（3）：189-198.

［144］诸葛铭宁，蔡玉琴，斯重阳，等. 伊贝沙坦对胰岛素抵抗 SD 大鼠脂蛋白脂酶的影响［J］. 河北医药，2009，31（1）：26-28.

［145］庄宇. LC-AFS 联用测定形态硒流动相的选择［J］. 中国医疗器械信息，2017，23（21）：26-27.

中英（缩写）对照

A

AFS	原子荧光光谱
APR	APS 还原酶
APS	ATP 硫酸化酶
ARE	抗氧化反应元件
ATP	三磷腺苷

B

| BMEC | 乳腺上皮细胞 |

C

CAT	过氧化氢酶
Cd	镉
CDKs	细胞周期依赖性激酶
CE	毛细管电泳色谱
CE–ICP–MS	毛细管电泳—电感耦合等离子体质谱
CHOP	同源蛋白
CH_3SeH	甲基硒醇
CKI	细胞周期蛋白依赖激酶抑制剂
CNKI	中国知识资源总库
CpNifs	硒代半胱氨酸裂解酶
Cyclins	细胞周期蛋白
Cys	半胱氨酸

D

DMDSe	二甲基二硒醚
DMDSeS	二甲基二硒硫醚
DMSe	二甲基硒醚
DMSeS	二甲基硒硫醚
DMTSe	二甲基三硒
DNMT1	DNA 甲基转移酶 1
DO	溶解氧

E

EDTA	乙二胺四乙酸
Eh	氧化还原条件
ER	内质网
EuroSCORE	欧洲心血管手术危险因素评分
EXC–Se	碳酸盐结合硒

F

FA–Se	富里酸络合的硒
FDA	美国食品药品监督管理局
FSH	促卵泡素

G

GC	气相色谱
Glu	葡萄糖
GPx	谷胱甘肽过氧化物酶
GSH	谷胱甘肽
G–SH	还原型谷胱甘肽
G–S–S–G	氧化型谷胱甘肽

H

HASTs	硫酸盐转运蛋白
H_2O_2	过氧化氢
HPLC	高效液相色谱
HPLC–ESI–MS	高效液相—电喷雾质谱
HPLC–HG–AFS	高效液相—氢化物发生—原子荧光光谱
HPLC–ICP–AES	高效液相—电感耦合等离子体原子发射光谱
HPLC–ICP–MS	高效液相—电感耦合等离子体质谱
H_2Se	硒化氢
HTN	高血压

I

ICP–AES	电感耦合等离子体原子发射光谱
ID	脱碘酶
IEC	离子交换色谱
IEC–HPLC	离子交换色谱
IELs	小肠上皮淋巴细胞
IFN–γ	γ–干扰素
Ig	血清型免疫球蛋白
IL	白细胞介素
iNOS	诱导型一氧化氮合酶

K

| Keap1 | Kelch 样环氧氯丙烷相关蛋白 1 |

L

LDL	低密度脂蛋白
LH	促黄体素
LOOH	脂质氢过氧化物

159

LPS	脂多糖

M

MAPK	丝裂原活化蛋白激酶
MDA	丙二醛
Me-SeCys	甲基硒代半胱氨酸
Met	蛋氨酸
MHSe	酸式硒化物
MI	心肌梗死
MMT	甲硫氨酸甲基转移酶
MS	质谱
M_2Se	正硒化物
M_2Sen	多硒化合物
MUTYH	碱基切除修复基因

N

NADPH	还原型辅酶 II
Nap	周质硝酸还原酶
Nar	膜结合硝酸还原酶
NLRP3	核苷酸结合寡聚化结构域样受体蛋白 3
NOD	非肥胖型糖尿病
NOX	还原型辅酶 II 氧化酶
Nrf2	核因子 E2 相关因子 2
Na_2SeO_3	亚硒酸钠
Na_2SeO_4	硒酸钠

O

OAS	半胱氨酸合酶
OGG1	DNA 修复酶 8- 羟基鸟嘌呤 DNA 糖苷酶

OM	有机质

P

pH	酸碱度
PHG–Px	磷脂氢过氧化物谷胱甘肽过氧化物酶
PsrA	多硫化物还原酶
PT	磷酸盐转运蛋白

R

γ–Glu–SeMeSeCys	γ–谷氨酰–硒甲基硒代半胱氨酸
γ–Glu–SeMeSeMet	γ–谷氨酰–硒甲基硒代甲硫氨酸
RI	胰岛素
RES–Se	残余硒
ROS	活性氧
RP–IPC–HPLC	反相离子对色谱

S

Se	硒
SEC	排阻色谱
SEC–HPLC	体积排阻色谱
SeCys	硒代半胱氨酸
SelD	硒磷酸合成酶
SeMet	硒代蛋氨酸
SeMeSeCys	硒甲基硒代半胱氨酸
SeO	氧化硒
SeO_2	二氧化硒
SeO_3^{2-}	亚硒酸盐
SeO_4^{2-}	硒酸盐
$SeOCl_2$	二氯氧化硒

SeP	硒蛋白 P
SePhp	硒代磷酸
SIgA	免疫活性细胞及其分泌的免疫球蛋白 A
SL	硒代半胱氨酸裂解酶
SMT	硒代半胱氨酸甲基转移酶
SO_4^{2-}	硫酸盐
SOD	过氧化物歧化酶
SOL–Se	水溶性硒
ST	硫酸盐转运蛋白
SWAT	土壤质地

T

T	睾酮
TNF–α	肿瘤坏死因子 – α
TPOAb	抗甲状腺过氧化物酶抗体
TR	还原酶
Trx	硫氧还蛋白
TrxR	硫氧还蛋白还原酶
TXNIP	与硫氧还蛋白互作蛋白
TXNRD	硫氧还蛋白硫氧还蛋白还原酶

U

UV	紫外—可见光分光光度计

V

VLDL	极低密度脂蛋白

X

XRD	X 射线衍射技术